普通高等教育"十二五"规划建设教材

生物化学实验指导

金　青　主编

中国农业大学出版社
·北京·

内容简介

《生物化学实验指导》第2版在保持第1版体系的基础上，修改或重写了部分内容，在传统的验证性实验的基础上，适当增加了一定比例的综合性、设计性实验。全书共分36个实验，包括糖类、脂类、蛋白质、核酸、酶、生物代谢六大方面，有常用的物质提取、分离、定性鉴定、定量测定实验，亦有广泛应用的DEAE-纤维素薄板层析、各种凝胶电泳等新技术，对于一些传统经典而有特色的实验和方法仍作保留。

本书在编写风格上，突出基础，简明、实用，既体现生物化学的专业特色，又注重学生基本实验技能和综合创新素质的培养，适用于高等院校及专科院校生物、农、林、医等相关专业的本科教学实验，也可供高等师范院校、综合性大学相关领域的科技工作者参考使用。

图书在版编目(CIP)数据

生物化学实验指导/金青主编. —北京：中国农业大学出版社，2014.8(2016.8重印)

ISBN 978-7-5655-1003-8

Ⅰ.①生… Ⅱ.①金… Ⅲ.①生物化学－化学实验－高等学校－教学参考资料 Ⅳ.①Q5－33

中国版本图书馆CIP数据核字(2014)第143722号

书　名 生物化学实验指导

作　者 金　青　主编

策划编辑 魏秀云　　**责任编辑** 冯雪梅

封面设计 郑　川　　**责任校对** 陈　莹　王晓凤

出版发行 中国农业大学出版社

社　址 北京市海淀区圆明园西路2号　　**邮政编码** 100193

电　话 发行部 010-62818525,8625　　读者服务部 010-62732336

编辑部 010-62732617,2618　　出　版　部 010-62733440

网　址 http://www.cau.edu.cn/caup　　**e-mail** cbsszs @ cau.edu.cn

经　销 新华书店

印　刷 北京时代华都印刷有限公司

版　次 2014年8月第1版　　2016年8月第2次印刷

规　格 787×980　16开本　14.25印张　256千字

定　价 28.00元

编写人员

主　　编　金　青

副主编　余　梅　张宽朝

参　　编　（以姓氏笔画为序）

马　欢	文　汉	龙雁华
孙　锋	何孔泉	阮　飞
汪　曙	张　琛	芮　斌
陶　芳	蒋而康	魏练平

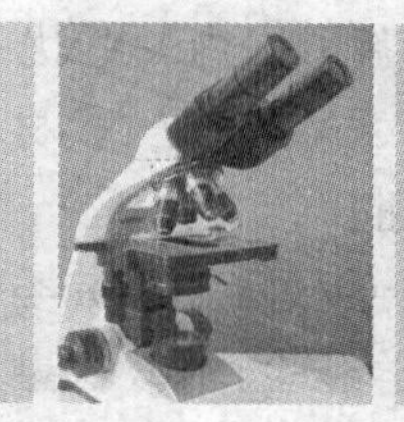

前　言

生物化学是一门实验性科学，是农、林、医等院校相关专业重要的学科基础课程，生物化学实验技术日益成为当代生命科学及相关学科研究的重要手段，生物化学实验技术和方法的改进直接推动了生命科学及其相关学科的飞速发展。加强生物化学实验教学，掌握生物化学的实验技术、基本原理以及研究过程，不仅使学生加深对生物化学基本原理、基础知识的理解，而且对培养学生分析问题、解决问题的能力和严谨的科学态度及提高科研技能等都具有十分重要的作用。

《生物化学实验指导》第2版在第1版的基础上修改和增添了部分内容，为了培养学生的创新思维和实践能力，我们进行了教学改革，重组了实验教学内容，在传统验证性实验基础上，适当增加了一定比例的综合性、设计性实验，将全书实验内容整合为"基础实验"、"综合性实验"、"设计性实验"三大板块。在实验教学改革实践中，建立了既突出生物化学专业特色，又能提高学生基本实验技能、培养综合创新素质的实验教学体系。

《生物化学实验指导》共收集了36个实验，包括糖类、脂类、蛋白质、核酸、酶、生物代谢六大方面，有常用的物质提取、分离、定性鉴定、定量测定实验，亦有广泛应用的DEAE-纤维素薄板层析、各种凝胶电泳等新技术，对于一些传统经典而有特色的实验和方法仍作保留。在编写风格上，突出基础，简明、实用。本书强调生物化学的最基本实验原理、基本技术和方法，实验所用材料简单易得，尽量避免使用昂贵的器材。每个实验详细列出所需仪器、材料和试剂及其配制方法，且对于学生实验中易出错处及实验关键处，在注意事项中特别列出作为提示指导。书后附录部分更新了当前生物化学实验室常用仪器的使用方法介绍，并附常用数据表及常用试剂的配制等内容，可供读者查阅。

本书实验内容经过实验教学及科研的反复验证，同时也参考了其他一些研究方法，均为成熟的操作。本书可作为高等院校及专科院校生物、农、林、医等相关专

业的本科教学实验，也可供高等师范院校、综合性大学相关领域的科技工作者参考使用。

书中借鉴了国内一些优秀教材与资料，在此表示衷心的谢意！本教材再版得到安徽农业大学教务处、教材中心和中国农业大学出版社的大力支持和帮助，在此一并表示感谢！

在修订再版过程中，编委们总结了本教材第 1 版使用过程中存在的一些不足，根据多年教学经验，本教材融合了编者自身多年从事生物化学教学实践的心得和对一些实验方法改进所做的有效尝试。鉴于编者水平有限，书中必存在不当之处，真诚希望能得到广大读者的批评指正。

编　者

2014 年 5 月

生物化学实验室规则

1. 实验前须认真预习实验指导，明确实验目的和要求，了解实验的内容和基本原理，熟悉实验的步骤和操作方法。

2. 上课不迟到、不早退、不无故旷课；自觉保持实验室的安静，不得大声谈笑、喧哗；随时注意保持实验室整洁，滤纸、废品等必须放入废物桶内。

3. 实验中要认真、严格操作，仔细观察，如实记录实验现象和数据，并认真分析问题、处理数据，独立、按时完成实验报告。

4. 使用精密、贵重仪器，必须了解其性能和操作方法，并在老师指导下操作。实验中因故损坏仪器、器皿，应及时报告，并要给予适当赔偿。

5. 实验中应注意节约药品，不得浪费；公用药品须按规定使用，用后及时放回原处，以备他人使用。

6. 凡进行有危险性实验，实验人员应先检查防护措施，确证防护妥当后，才可进行实验。实验中不得擅自离开，实验完成后立即做好善后清理工作，以防事故发生。

7. 凡有害或有刺激性气体发生的实验应在通风柜内进行，加强个人防护，不得把头部伸进通风柜内。实验室所用的易燃物品，如乙醚、石油醚、乙醇等低沸点有机溶剂使用时严禁明火，远离火源。若需加热，不可直接在电炉上加热，使用水浴。

8. 腐蚀和刺激性药品，如强酸、强碱、氨水、过氧化氢、冰醋酸等，取用时尽可能戴上橡皮手套和防护眼镜，倾倒时，切勿直对容器口俯视，吸取时，应该使用橡皮球。若操作不小心被强酸、强碱溅到皮肤上，应立即用大量自来水冲洗。若被强酸灼伤，用饱和 $NaHCO_3$ 溶液中和；若被碱灼伤用饱和 HBO_3 溶液中和；被氧化剂伤害，用 $Na_2S_2O_3$ 处理。

9. 不使用无标签（或标志）容器盛放的试剂、试样。

10. 实验室内严禁吸烟、饮食，以免误食和吸入有害物质。

11. 实验室内的一切物品，未经本室负责教师批准，严禁带出室外。借物必须办理登记手续。

12. 实验结束，应及时洗涤器皿、整理台面，并检查水电（如水龙头是否关紧，电插头是否拔下）；值日生处理废物，清扫地面；待老师检查认可后方可离开实验室。

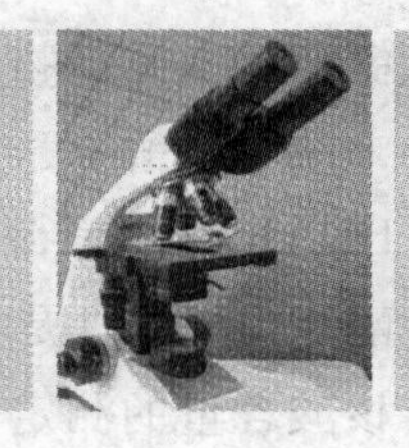

目 录

第一部分　基础实验

第一部分　基础实验

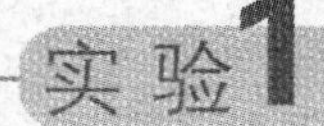

纸层析法分析氨基酸

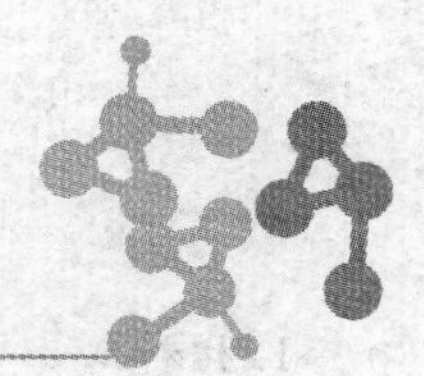

1.1　实验目的与原理

1. 目的

掌握纸层析法的一般原理和操作方法，并用以分离鉴定游离氨基酸组分；了解氨基酸的特征性颜色反应。

2. 原理

纸层析法是分配层析法的一种，常以滤纸作为惰性支持物。纸层析是分离、鉴定和定量测定微量氨基酸的简易、有效的方法。

纸层析的原理主要是根据被分析的样品在两相溶剂系统中的分配系数不同，在纸上移动的速率也不同，从而达到分离的目的。纸层析所用展层溶剂大多由水和有机溶剂组成。水和有机溶剂互溶后形成两个相：一是饱和了有机溶剂的水相，另一是饱和了水的有机溶剂相。滤纸纤维与水的亲和力强，与有机溶剂的亲和力弱，因此水相为固定相，有机溶剂相为流动相。将样品点在滤纸上，进行展层，样品中的各种氨基酸就在固定相和流动相之间不断进行分配。由于物质的极性大小不同，在两相中的分配比例有所差异。极性大的物质在水相中分配较多，移动相对较慢；极性小的物质在有机相中分配较多，随有机相移动较快，从而将极性不同的物质分开，形成距原点不同的层析点。

物质被分离后在纸层析图谱上的位置可用 R_f（比移）值来表示：

$$R_f=\frac{\text{样品原点到斑点中心的距离}}{\text{原点到溶剂前沿的距离}}$$

在一定的条件下测得某种物质的 R_f 值是常数。R_f 值的大小与物质的结构、性质、溶剂系统、层析纸的质量、层析温度和展层方向（横向，上行或下行）等因素有关。

用纸层析鉴定样品时，一般都与标准品相比较。若没有标准品，可选择文献记载的该物质层析条件，根据文献 R_f 值进行鉴定。

1.2 实验用品

1. 材料

氨基酸。

2. 器材

层析缸，培养皿，冷热电吹风机，烘箱，毛细管，针，线。

3. 试剂

展层剂和平衡液：正丁醇∶冰醋酸∶水＝4∶1∶5，充分摇匀，用分液漏斗取上层液作展层剂，下层液作平衡液；样品液：用水配成每毫升含有苯丙氨酸、丙氨酸、组氨酸、脯氨酸各 4 mg 的 4 种氨基酸溶液，以及上述 4 种氨基酸的混合液（各 4 mg · mL^{-1}），苯丙氨酸不易溶解于水，应稍微加热使之溶解；茚三酮：按展层剂 0.25％的比例将茚三酮加入展层剂中，使其溶解。

1.3 实验内容与操作

1. 纸的处理

取 25 cm×15 cm 的滤纸一张，离底边 2 cm 处用铅笔轻轻划一条与底边平行的线，并等距离的在线上定点样点（原点）划圈，使圈的直径小于 0.5 cm。

2. 点样

在每个圈下用铅笔记上每种氨基酸的代号（混合样可写 M），然后用毛细管吸取样品，轻轻地点到相应的氨基酸圈内，待晾干或用冷风吹干后再点第二次。每个样品共点 5～7 次。

3. 饱和　将点好样的滤纸纵向卷起来，点样面向里，点样点位于一端，用针线缝成筒状，不要使滤纸两边接触（图 1-1），然后将滤纸筒直立于层析缸中，划线点样端向下。滤纸筒放在培养皿周围（培养皿中预先放入平衡液）饱和 1 h。

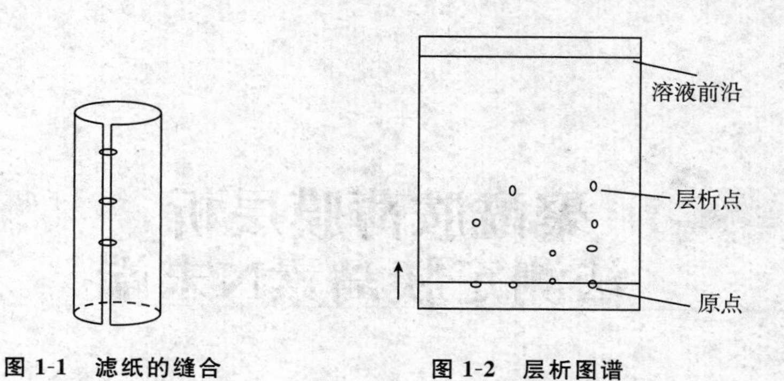

图 1-1 滤纸的缝合

图 1-2 层析图谱

4. 层析

把饱和过的滤纸筒转移到另一层析缸中的培养皿内(培养皿中预先放入 2/3 量的展层剂),样品端向下垂直放置,切勿使展层剂浸到样品点。当溶剂前沿到达离上端约 3 cm 处,取出滤纸,用铅笔描出溶剂前沿,晾干。

5. 显色

将晾干滤纸放入烘箱中(105℃),烤几分钟后,滤纸上即显出氨基酸斑点。用铅笔描出斑点轮廓(图 1-2)。

1.4 注意事项

(1)整个操作过程中,手只能接触滤纸边缘,否则会在滤纸上留下手指上的氨基酸斑点。

(2)点样时,勿将毛细管插错试剂瓶。

(3)展层结束后,切勿忘记用铅笔描出溶剂前沿。

1.5 作业与思考题

(1)计算各种氨基酸的 R_f 值并用以判断混合氨基酸的组分。

(2)氨基酸纸上层析用哪种物质作为显色剂?这种显色剂与哪些氨基酸反应不产生蓝紫色?

(3)根据我们做的实验,说明几种标准氨基酸的 R_f 值为何不同?

(4)试分析层析斑点的拖尾现象。

聚酰胺薄膜层析法测定胰岛素N末端

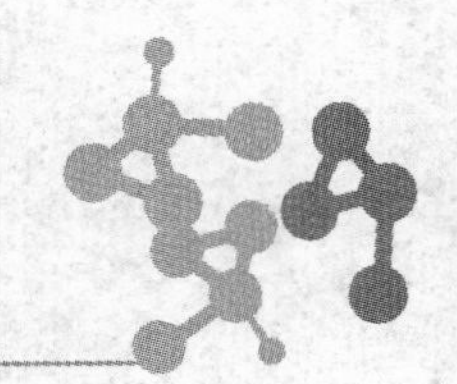

2.1 实验目的与原理

1. 目的

学习利用 DNS 法与聚酰胺薄膜层析技术测定蛋白质 N 末端的原理并掌握实际操作。

2. 原理

DNS-Cl(二甲氨基萘磺酰氯)在碱性环境下可与蛋白质或肽的 N 末端氨基酸的氨基发生反应,生成 DNS-蛋白质(二甲氨基萘-5-磺氨酰蛋白),经酸水解可得到带有荧光并稳定的 DNS-氨基酸和其他各种游离氨基酸,其中 DNS-氨基酸即为 DNS 标记的蛋白质 N 末端氨基酸,可直接利用色谱的方法进行分离鉴定。与 DNFB(2,4-二硝基氟苯)法相比,DNS 法灵敏度高,聚酰胺薄层层析技术可测出含量仅为 $10^{-9} \sim 10^{-10}$ mol 的 DNS-氨基酸,比 DNFB(2,4-二硝基氟苯)的灵敏度高出 100 倍左右,且实验中所得到的 DNS-氨基酸比相应的 DNP-氨基酸更稳定。

DNS-Cl 能与所有的氨基酸作用生成具有荧光的衍生物,在波长 254 nm 或 265 nm 的紫外光照射下发出强烈的黄绿色荧光。由于 DNS 基团与氨基之间的键结合牢固,绝大部分 DNS-氨基酸都很稳定,在 5.7 mol·L^{-1} HCl 溶液中,110℃水解 22 h 后,除 DNS-色氨酸全部被破坏,DNS-丙氨酸(7%),DNS-甘氨酸(18%),DNS-苏氨酸(30%),DNS-丝氨酸(35%),DNS-脯氨酸(77%)部分被破坏外,其余 DNS-氨基酸没有任何损失。

除了与 N 末端氨基酸发生反应外,DNS-Cl 亦可与蛋白质侧链基团的巯基、咪唑基、ε-氨基和酚反应,前两者反应物在酸碱条件下均不稳定,酸水解时完全破坏;DNS-ε-赖氨酸和 DNS-O-酪氨酸较稳定,同时还有 DNS-双-赖氨酸和 DNS-双-酪氨酸生成,但其展层后在层析图谱的位点上与 DNS-α-氨基酸有区别,很容易区分。

聚酰胺薄膜层析是20世纪70年代后发展起来的一种层析技术。聚酰胺是将锦纶涂于涤纶片上制成,这类聚合物含有大量的酰胺基团,所以称为聚酰胺薄膜。由于聚酰胺薄膜的酰胺基团可与被分离物质形成氢键,因此对酸类、酚类、氨基化合物等物质有很强的吸附作用。被分离物质因与酰胺基团形成氢键能力的强弱不同,在层析过程中,展层溶剂与被分离物质在聚酰胺表面竞相形成氢键,选用适当的展层溶剂,使被分离的各种物质在溶剂与聚酰胺表面之间的分配系数有较大差异,经过吸附与解吸的展层过程,形成一个分离顺序,彼此分开。

2.2 实验用品

1. 材料

结晶胰岛素。

2. 器材

紫外灯,恒温箱,烘箱,聚酰胺薄膜,层析缸,吹风机,毛细管。

3. 试剂

0.2 mol·L^{-1}的 $NaHCO_3$;1 mol·L^{-1}的 NaOH;乙酸乙酯;2.5 mg·mL^{-1} DNS-Cl丙酮溶液;6 mol·L^{-1} HCl;展开剂:第一相,甲酸∶水=1.5∶100(体积分数);第二相,苯∶冰乙酸=9∶1(体积分数)。

2.3 实验内容与操作

1. 胰岛素与DNS反应

用0.2 mol·L^{-1} $NaHCO_3$ 溶液配制2 mmol·L^{-1}胰岛素溶液。取0.1 mL此溶液加入水解管中,加入0.1 mL DNS-Cl丙酮溶液,用1 mol·L^{-1}的 NaOH调pH至9~10,混匀后用胶布封口,置37℃保温1 h。反应完成后,真空抽干或于60℃蒸干丙酮,所得固体混合物即为DNS-胰岛素。

2. DNS-胰岛素的抽提

用2 mL 6 mol·L^{-1} HCl将上述DNS-胰岛素溶解,抽真空封口,110℃保温16~20 h,水解完成后,开管将溶液转移到5 mL小烧杯内,蒸干或用吹风机吹干,加1 mL 0.2 mol·L^{-1}的 $NaHCO_3$ 溶液溶解,并用1 mol·L^{-1}的盐酸调节pH至2.0~2.5,加入1 mL乙酸乙酯抽提,挥干后用0.1 mL丙酮溶解待用。

3. DNS-标准氨基酸制备

已知胰岛素AB链的末端氨基酸分别为甘氨酸和苯丙氨酸，因此将标准氨基酸与标准苯丙氨酸分别用0.2 mol·L^{-1} $NaHCO_3$ 配成0.5 mg·mL^{-1}浓度的氨基酸溶液。取0.1 mL加入具塞玻璃试管中，同时加入等体积的DNS-Cl丙酮溶液，用1 mol·L^{-1} NaOH调pH 9～10，塞紧摇匀。置40℃保温1 h，反应完成后取出蒸去丙酮，加1 mL 0.2 mol·L^{-1}的 $NaHCO_3$ 溶液溶解，并用1 mol·L^{-1}的盐酸调节pH至2.0～2.5，加入1 mL乙酸乙酯抽提，挥干后用0.1 mL丙酮溶解待用。

4. DNS-氨基酸层析

(1)聚酰胺薄膜准备：将聚丙烯酰胺薄膜剪成7 cm×7 cm的方块，距离边缘1 cm处画一直线作为基线，基线上画几个点，作为点样起始点。

(2)点样：将DNS-氨基酸与DNS-标准氨基酸分别点在点样点，点样直径不超过2 mm，少量多次点样。

(3)展层：点样后将薄膜光面朝外，聚酰胺面朝内，用橡皮筋捆成半圆筒形，置于第Ⅰ项展层剂中进行单向展开，当溶剂上升到离膜顶端1.0 cm处时，停止展层，立即开盖标记前沿，取出，彻底吹干后顺时针旋转90°，以同样方法进行第Ⅱ相展层。

5. 结果分析

将层析后的薄膜放在254 nm或265 nm的紫外灯下观察，圈出呈现绿色荧光的点，通过与DNS-标准氨基酸的比对，判断胰岛素末端氨基酸。

2.4 注意事项

1. 制备的条件

在DNS-氨基酸制备时，DNS化必须在碱性条件下(pH 9.7～10.5)进行，否则会有很多副产物 $DNS\text{-}NH_2$ 或DNS-OH产生。层析过程中，也可不用乙酸乙酯抽提直接层析。

2. 封管水解的几个问题

DNS化后，加5.7 mol·L^{-1} HCl水解，一定要抽真空或把管封紧。否则110℃水解时易氧化破坏氨基酸。

3. 点样展层

(1)点样：样品的点要小、圆，量要适当，否则拖尾，因此毛细管要细，管口要平，

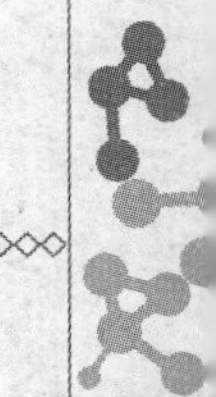

样品浓度要合适，聚酰胺薄膜要选择优质的。

(2)展层要在小的、密闭的、底部水平的容器里进行，每次展层的温度、时间、展层剂的浓度要保持一致，否则不易重复。

2.5 作业与思考题

(1)DNS化测定N-末端的依据是什么？DNS化的最适pH是多少？

(2)DNS-Cl除能与α-氨基反应外，还能与氨基酸的什么基团发生反应，生成什么产物？

(3)未知样品(蛋白质或肽)的N-末端氨基酸如何确定？

实验3

酶促转氨反应的定性鉴定

3.1 实验目的与原理

1. 目的

掌握利用纸层析研究代谢的基本方法，了解酶促转氨反应在中间代谢中的意义。

2. 原理

转氨基作用是生物体内一个重要的生化反应，它可作为沟通蛋白质和糖代谢的桥梁，并通过丙酮酸、α-酮戊二酸和草酰乙酸分别形成丙氨酸、谷氨酸、天冬氨酸等非必需氨基酸。

转氨基作用又称氨基转移作用，即在转氨酶的催化作用下，一种 α-氨基酸上的氨基可以转移到 α-酮酸上，从而形成相应的一分子 α-酮酸和一分子 α-氨基酸。组成蛋白质的氨基酸有 20 种，除赖氨酸、精氨酸、苏氨酸外，其他的氨基酸都能促成转氨作用。每种氨基酸都由专一的转氨酶催化，其最适 pH 接近 7.4。在各种转氨酶中的分布最广、活性最大的为谷丙转氨酶（简称 GPT）和谷草转氨酶（简称 GOT）。

测定转氨酶活力的方法有纸上层析法及光电比色法，本实验采用纸上层析法，以谷氨酸和丙酮酸混合液在 GPT 作用下进行的反应，来观察酶促转氨基作用，定性测定植物组织中转氨酶的活性。其反应式为：

$$\begin{array}{ccccccc}
COOH & & COOH & & COOH & & COOH \\
| & & | & & | & & | \\
HC-NH_2 & + & C=O & \underset{}{\overset{GPT}{\rightleftharpoons}} & C=O & + & (CH_2)_2 \\
| & & | & & | & & | \\
CH_3 & & (CH_2)_2 & & CH_3 & & HC-NH_2 \\
 & & | & & & & | \\
 & & COOH & & & & COOH
\end{array}$$

丙氨酸　　α-酮戊二酸　　　丙酮酸　　谷氨酸

用纸层析法鉴定转氨基产物丙氨酸的存在与否，其原理为：谷氨酸和丙氨酸是理化性质不同的两种氨基酸，前者为亲水性氨基酸，后者为疏水性氨基酸，二者在固定相与流动相中的分配程度不同，因而流速不同，从而显色出不同的斑点。

3.2 实验用品

1. 材料

绿豆芽(25℃温箱萌发约 2 d，芽长约 0.5 cm)。

2. 器材

恒温水浴锅，层析滤纸(25 cm×15 cm)，电吹风，培养皿，毛细管，研钵，针、线，层析缸。

3. 试剂

0.1 mol·L^{-1}的谷氨酸溶液：1.47 g 谷氨酸溶于 100 mL 1%磷酸钾溶液中；1%的丙酮酸钠溶液；0.5%的标准丙酮酸溶液；0.5%的标准谷氨酸溶液；展层剂和平衡液：正丁醇：冰醋酸：水＝4：1：5，充分摇匀，用分液漏斗取上层液作展层剂，下层液作平衡液；茚三酮：按展层剂 0.25%的比例将茚三酮加入展层剂中，使其溶解；0.1 mol·L^{-1} pH 7.5 的磷酸缓冲液；0.1 mol·L^{-1} pH 8.0 的磷酸缓冲液；50%乙酸。

3.3 实验内容与操作

1. 酶液的提取

称取绿豆芽(去种皮)3 g，放入研钵内加 2 mL 0.1 mol·L^{-1} pH 8.0 磷酸缓冲液研成匀浆，然后转移到离心管中，再用 1 mL 缓冲液冲洗研钵，溶液并入离心管中，离心(3 000 r·min^{-1}，10 min)，弃沉淀，上清液即为酶液。

酶液也可用动物材料提取：称取猪(或其他动物)肝脏 2 g，剪碎置研钵中，加入 0.9%氯化钠溶液和少量镁砂，研磨成匀浆即为酶提取液。

2. 酶促反应

取 2 支试管，编号。首先向 2 号管加入酶液 10 滴和 50%乙酸 5 滴，煮沸 3 min，静置冷却，然后按表 3-1 加入试剂：

表 3-1 酶促反应

试管号	0.1 mol·L^{-1} 谷氨酸溶液/滴	1%丙酮酸钠溶液/滴	0.1 mol·L^{-1} pH 7.5 磷酸缓冲液/mL	酶液/滴
1(待测)	10	10	2.0	10
2(对照)	10	10	2.0	10 滴(立即加 50%乙酸 5 滴,煮沸 3 min)

以上各管配制完毕摇匀,置于 37℃恒温水浴锅保温 30 min,取出后向 1 号管加 5 滴 50%乙酸终止酶促反应,再将 1、2 号管置于沸水浴中加热 10 min,使蛋白质沉淀,加热完毕取出立即用流动冷水冷却,过滤,分别收取滤液备用。

3. 用纸层析鉴定反应结果(纸层析操作参见实验 1)

滤纸的处理及点样:取 25 cm×15 cm 的滤纸一张,离底边 2 cm 处用铅笔轻轻划一条与底边平行的线,并等距离的在线上定点样点(共 4 点),依次标上标准谷氨酸、标准丙氨酸、待测液及对照液的代号,然后用毛细管分别吸取上面 4 种溶液,对号点样。标准溶液各点 5~6 次,反应滤液各点 5~7 次,每点一次须电吹风吹干后再点下一次。

饱和、展层:将点好样的滤纸纵向卷起来,点样面向里,点样点位于一端,用针线缝成筒状,不要使滤纸两边接触,然后将滤纸筒直立于层析缸中,划线点样端向下。滤纸筒放在培养皿周围(培养皿中预先放入平衡液)饱和 1 h。

把饱和过的滤纸筒转移到另一层析缸中的培养皿内(培养皿中预先放入 2/3 量的展层剂),样品端向下垂直放置,切勿使展层剂浸到样品点。

显色、鉴定:当溶剂前沿到达离上端约 3 cm 处,取出滤纸,用铅笔描出溶剂前沿,晾干。用热风吹干即可呈现若干紫红色斑点。用铅笔圈出各斑点位置,计算出斑点的 R_f 值,据此分析实验结果。

3.4 注意事项

(1)对照管首先要处理酶液。

(2)点样时,切勿将毛细管插错了试剂瓶。

3.5 作业与思考题

(1)人体内的转氨酶主要有哪两种？测定它们的临床意义是什么？

(2)对照和测定管显现的斑点有何不同？它们分别代表何物质？请说明理由。

谷物种子中赖氨酸含量的测定

4.1 实验目的与原理

1. 目的

学习用茚三酮比色法测定种子蛋白质赖氨酸含量的原理和方法。

2. 原理

赖氨酸是人和动物必需的一种氨基酸。缺乏赖氨酸，会影响人和动物的正常发育，造成机体代谢紊乱，引发一些生理机能性疾病。因其在大多数谷物中含量不高或缺乏，故常被称为第一限制性氨基酸。谷物赖氨酸含量是判断谷物产品质量的重要指标之一，提高谷物种子赖氨酸含量成为谷物新品种选育的重要目标。目前国内外谷物赖氨酸含量测定主要采用化学分析法和仪器分析法。化学分析法主要有染料结合赖氨酸法（DBL 法）和茚三酮比色法。仪器分析法主要有氨基酸分析仪分析法和近红外光谱分析法（NIRS）。DBL 法经典，但需要配套蛋白质分析仪或赖氨酸分析仪，需用较大量的样品，并且所需染料试剂较难购买。本实验采用茚三酮比色法，在实验室对样品中赖氨酸含量进行简便、快速、经济、准确的分析测定。

谷物赖氨酸的游离 ε-氨基与茚三酮（水合）试剂加热反应，发生氨化、脱氨、脱羧作用，生成蓝紫色物质，反应后颜色的深浅与蛋白质中赖氨酸的含量在一定范围内呈线性关系。亮氨酸与赖氨酸所含碳原子数目相同，且与肽链中的赖氨酸残基一样含有一个游离氨基，所以通常用亮氨酸配制标准溶液。反应式如下：

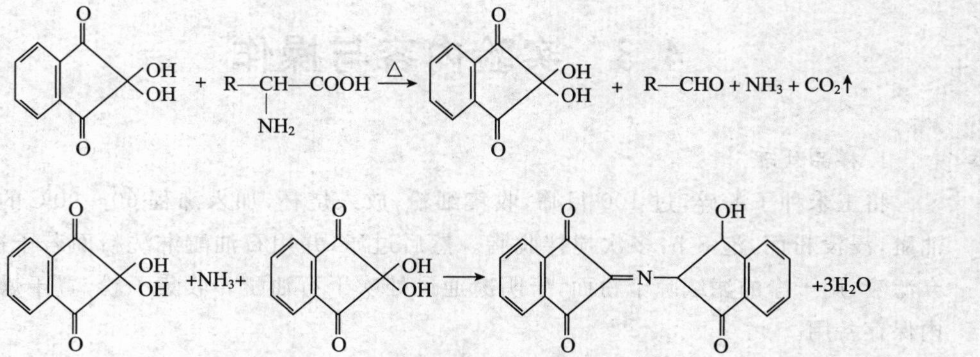

$$\text{(茚三酮水合物, OH, OH)} + R\text{—}\underset{NH_2}{CH}\text{—}COOH \xrightarrow{\triangle} \text{(还原型茚三酮, OH, OH)} + R\text{—}CHO + NH_3 + CO_2\uparrow$$

$$\text{(OH, OH)} + NH_3 + \text{(OH, OH)} \longrightarrow \text{(O, O)}\text{=N—}\text{(OH, O)} + 3H_2O$$

由上述反应式看出，该反应有以下特点：

反应第一步是水合茚三酮的还原。为阻止还原型茚三酮被氧化，常在反应体系中加入的还原剂有氯化亚锡、抗坏血酸、氯化镉及氰酸盐等；

反应第二步是脱水缩合，反应介质中水的量会影响终产物的浓度及稳定性，因此，反应完毕即向反应体系中加入一定量有机溶剂以稳定反应产物；

氨参与该反应，为防止反应受干扰，应保证实验用水和各种试剂不被氨所污染；

该反应在微酸高温条件下进行，缓冲液体系最适 pH 5.0。

4.2 实验用品

1. 材料

玉米种子

2. 器材

722 型分光光度计，天平，恒温水浴锅，具塞试管，移液管，玻棒，滤纸，漏斗，容量瓶。

3. 试剂

95％乙醇；4％碳酸钠、2％碳酸钠；亮氨酸标准液：准确称取 5 mg 亮氨酸，加数滴 0.02 $mol \cdot L^{-1}$ 盐酸溶解，用蒸馏水定容至 100 mL；茚三酮试剂：称 1 g 茚三酮溶于 25 mL 95％乙醇。称 40 mg 二氯化锡溶于 25 mL 柠檬酸缓冲液中，将两液混合摇匀，滤去沉淀，上清液置冰箱保存备用；0.2 $mol \cdot L^{-1}$ 柠檬酸缓冲液(pH 5.0)。

4.3 实验内容与操作

1. 样品处理

将玉米种子粉碎，过 100 目筛，收集细粉，放入烧杯，加入沸程 60～90℃的石油醚，浸没粉面，泡 8 h，多次搅拌脱脂。然后过滤，并用石油醚淋洗粉面若干次，弃滤液，用干净的滤纸晾干粉面，于阴凉通风处吹干石油醚。收集干粉，置干燥器内保存备用。

2. 标准曲线的制作

取 7 支具塞试管，按表 4-1 加入各种试剂。

表 4-1 制作氨基酸标准曲线各试剂用量

试剂	管号						
	0	1	2	3	4	5	6
亮氨酸标准液/mL	0	0.1	0.2	0.4	0.6	0.8	1.0
亮氨酸含量/μg	0	5	10	20	30	40	50
蒸馏水/mL	2.0	1.9	1.8	1.6	1.4	1.2	1.0

再向上述每支试管加入 4%碳酸钠和茚三酮试剂各 2.0 mL，加塞混匀，于 80℃水浴中加热 30 min，流水迅速冷却至室温，立即向各支试管中加 95%乙醇 3.0 mL，混匀，于 530 nm 下测定其光密度(以 0 号管为空白对照)。以光密度为纵坐标，亮氨酸含量为横坐标，绘制标准曲线。

3. 样品的测定

取 30 mg 脱脂玉米粉于具塞试管内，加 2%碳酸钠 4.0 mL 于 80℃水浴中提取 20 min，然后加茚三酮试剂 2.0 mL，继续 80℃水浴中保温显色 30 min，冷却后加 95%乙醇 3.0 mL，混匀过滤，滤液于 530 nm 下比色。

4. 结果计算

$$样品中赖氨酸的含量=\frac{X\times a\times 10^{-3}}{W}\times 100\%$$

式中：X 为从标准曲线上查得的亮氨酸 μg 数；a 为样液稀释倍数；W 为样品重(mg)。

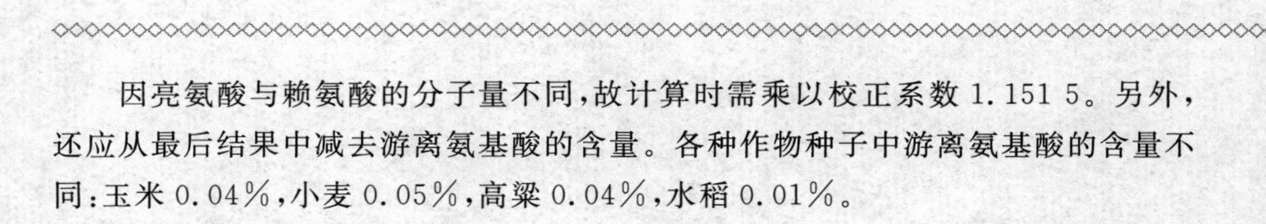

因亮氨酸与赖氨酸的分子量不同，故计算时需乘以校正系数 1.151 5。另外，还应从最后结果中减去游离氨基酸的含量。各种作物种子中游离氨基酸的含量不同：玉米 0.04%，小麦 0.05%，高粱 0.04%，水稻 0.01%。

4.4 注意事项

(1)样品处理过程中杯壁要干燥。

(2)水浴时要用具塞试管。

4.5 作业与思考题

氨基酸与茚三酮反应非常灵敏，几微克氨基酸就能显色。由于蛋白质和多肽中的游离氨基也会产生同样反应，对于含大量蛋白质和多肽的样品应如何减少测定干扰？

实验5

凝胶层析（分子筛层析）

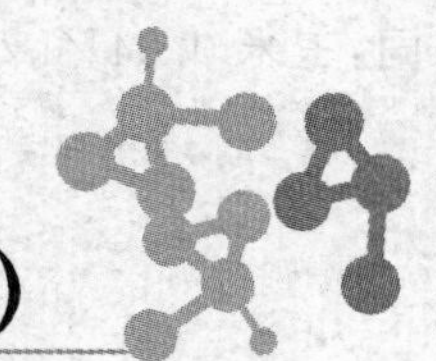

5.1 实验目的与原理

1. 目的

熟悉凝胶层析法的基本原理及应用；初步学会用凝胶层析分离蛋白质的基本方法。

2. 原理

凝胶层析法也称分子筛层析法，是指混合物随流动相经过凝胶层析柱时，其中各组分按其分子大小不同而被分离的技术。该法设备简单、操作方便、重复性好、样品回收率高，除常用于分离纯化蛋白质、核酸、多糖、激素等物质外，还可用于测定蛋白质的相对分子质量，以及高分子物质样品的脱盐和浓缩等。由于整个层析过程中一般不变换洗脱液，有如过滤一样，故又称凝胶过滤。

凝胶是一种不带电荷的具有三维空间的多孔网状结构、呈珠状颗粒的物质，每个颗粒的细微结构及筛孔的直径均匀一致，像筛子。直径大于孔径的分子将不能进入凝胶内部，便直接沿凝胶颗粒的间隙流出，所以向下移动的速度较快；小分子物质除了可以在凝胶颗粒间隙中扩散外，还可以进入凝胶颗粒的微孔中，即进入凝胶相中，因此在向下移动的过程中，必须等待它们从凝胶颗粒内扩散至颗粒间隙后再进入另一凝胶颗粒，造成在柱内保留时间长，小分子物质的下移速度必然落后于大分子物质，从而使混合样品中分子大小不同的物质随洗脱液按顺序地流出柱外而得到分离。具有这种效应的物质很多，其中效果较好的有葡聚糖凝胶、琼脂糖凝胶等。

葡聚糖凝胶是最常用的一种凝胶，商品名为 Sephadex，是由细菌葡聚糖（又称右旋糖苷，dextran）通过交联剂 1-氯-2,3-环氧丙烷（表氯醇）交联而成的凝胶。在合成凝胶时，调节交联剂和葡聚糖的配比，可以获得不同大小网眼的凝胶。*G* 值表示交联度，*G* 值越小交联度越大，凝胶颗粒网眼越小，吸水量也少。Sephadex G-50 可用于分离相对分子质量 500～10 000 的蛋白质。

凝胶层析原理可简单用图 5-1 表示：

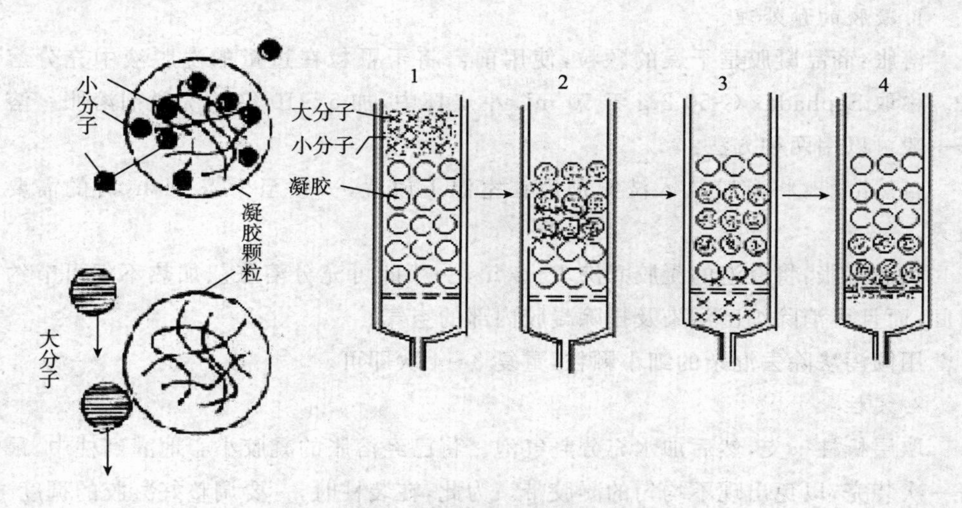

图 5-1 凝胶层析的简单原理

1. 含有大小分子的样品液上柱； 2. 样品液流经层析柱，小分子通过扩散作用进入凝胶颗粒的微孔中，而大分子则被排阻于颗粒之外；3. 向层析柱顶加入洗脱液，大小分子分开的距离增大；4. 大分子物质行程较短，已流出层析柱，小分子物质尚在行进之中。

5.2 实验用品

1. 器材

层析柱(1 cm×20 cm)，胶头滴管，玻棒，烧杯(50 mL)等。

2. 试剂

葡聚糖凝胶 G-50；蒸馏水；待分离样品：血红蛋白、铜溶液；铜溶液：3.70 g 硫酸铜溶于 10 mL 热蒸馏水中，冷却后稀释至 15 mL，另取柠檬酸钠 17.3 g 及碳酸钠($Na_2CO_3 \cdot H_2O$)10 g 加水 60 mL，加热使之溶解，冷却后稀释至 85 mL，最后把硫酸铜溶液缓缓倾入柠檬酸钠溶液中，混匀。

5.3　实验内容与操作

1.凝胶的预处理

溶胀:商品凝胶是干燥的颗粒,使用前需将干颗粒在过量的洗脱液中充分溶胀。称取 Sephadex G-50 2 g 于 50 mL 小烧杯中,加 5～10 倍的洗脱剂溶胀。溶胀一般可以用两种方法:

自然溶胀:将凝胶放入洗脱剂后在室温下放置,一般至少需 24 h,有的需要数天。

热法溶胀:将浸泡的凝胶煮沸 1～2 h ,一般即可充分溶胀。加热不仅可节约时间,而且可消除细菌污染及排除凝胶内部的空气。

用倾泻法除去混杂的细小颗粒,重复 3～4 次即可。

2.装柱

取层析柱一支,然后加水充分赶气泡。将已经溶胀的凝胶小心地灌到柱中,最好一次装完,以免出现不均匀的凝胶带。为此,在装柱时,一要调整好凝胶的稠度,二要打开下端橡皮管上螺旋夹,并调节适当的流速(约每分钟 10 滴)至凝胶沉积约 15 cm 高度即可。操作过程中,应防止气泡与分层现象发生。如表层凝胶凹陷不平时,可关闭出口,用玻棒轻轻搅动,再让凝胶自然沉降,凝胶沉积后再打开出口。注意勿使凝胶面洗脱剂流干。

3.样品制备

取血红蛋白和铜溶液各 0.5 mL 于小量杯中混匀。

4.加样与洗脱

先打开出口,使洗脱剂(蒸馏水)流出至凝胶面上保留 1～2 mm,用滴管将样品小心加到凝胶床表面上。加样时既不要破坏凝胶表面,也不要沿壁加样(样品易从壁和胶床间流下)。然后打开出口,使样品进入,将 1～2 mL 蒸馏水加入柱中(蒸馏水不可多,防止样品稀释)。当此少量蒸馏水将要流干时,反复加入多量蒸馏水进行洗脱。注意勿使柱流干。

5.收集

加蒸馏水洗脱,当有颜色溶液流出凝胶柱时,用小试管收集洗脱液,观察并记录洗脱过程凝胶柱的颜色变化。收集 6～7 管(2 mL/管),观察试管中溶液的颜色。

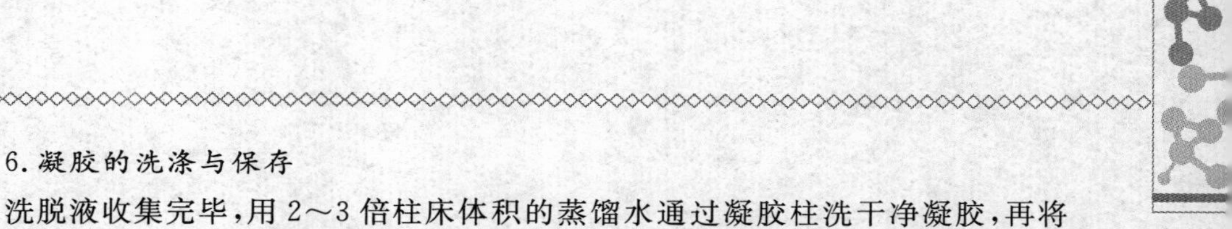

6. 凝胶的洗涤与保存

洗脱液收集完毕，用 2～3 倍柱床体积的蒸馏水通过凝胶柱洗干净凝胶，再将凝胶倒入小烧杯，加蒸馏水 10 mL 左右。最后交给老师作进一步处理保存。

5.4 注意事项

(1)在装柱过程中，勿使胶内或柱底端含有气泡，若有应驱赶出，或重新装柱。

(2)整个操作过程中，勿使柱内凝胶面洗脱剂流干。

(3)实验完毕后，应将处理好的凝胶交给老师，切勿丢弃。

5.5 作业与思考题

(1)利用图或表格形式描述各管收集液，并分析各是什么物质。

(2)利用凝胶层析法分离混合样时，怎样才能得到较好的分离效果？

实验6

血清蛋白质醋酸纤维素薄膜电泳

6.1 实验目的与原理

1. 目的

理解电泳技术的一般原理;学习利用醋酸纤维素薄膜电泳分离血清蛋白质的方法。

2. 原理

电泳是带电颗粒在电场作用下向着与其电性相反的电极移动。醋酸纤维素薄膜电泳是以醋酸纤维素薄膜作为支持物的电泳方法。醋酸纤维是纤维素的羟基乙酰化形成的纤维素醋酸酯,将它溶于有机溶剂(如丙酮、氯仿、氯乙烯、乙酸乙酯等)后,涂抹在薄薄的聚乙烯面上形成均匀的薄膜,则成为醋酸纤维素薄膜。该膜具有均一的泡沫状结构,渗透性强,对分子移动无阻力,厚度约 120 μm。用此膜为区带电泳的支持物进行蛋白质电泳,它具有微量、快速、简便、分辨力高、对样品无拖尾和吸附等优点,该技术广泛应用于血清蛋白、血红蛋白、糖蛋白、脂蛋白、结合球蛋白、同工酶的分离和测定等方面。

本实验以醋酸纤维素薄膜为电泳支持物,分离血清蛋白。血清中含有数种蛋白质,各种蛋白质由于氨基酸组分、立体构象、分子质量、等电点及形状不同,在电场中迁移速度不同。分子质量小、等电点低、带电荷多、质点直径越小、越接近于球形,在同一 pH 溶液中,泳动速度越快;反之,则越慢。因此,可利用电泳法将它们分离开来。例如,以醋酸纤维素薄膜为支持物,正常人或动物血清在 pH 8.6 的缓冲液体系中电泳 1 h 左右,染色后可显示 5 条区带或 7 条区带,一般 5 条区带。其中清蛋白泳动最快,其余依次为 α_1、α_2、β、γ-球蛋白(图 6-1,表 6-1),这些区带经洗脱后可用分光光度法定量,也可直接进行光吸收扫描,自动绘出区带吸收峰及相对

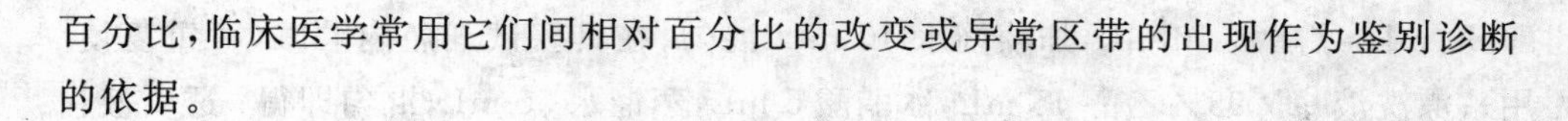

百分比，临床医学常用它们间相对百分比的改变或异常区带的出现作为鉴别诊断的依据。

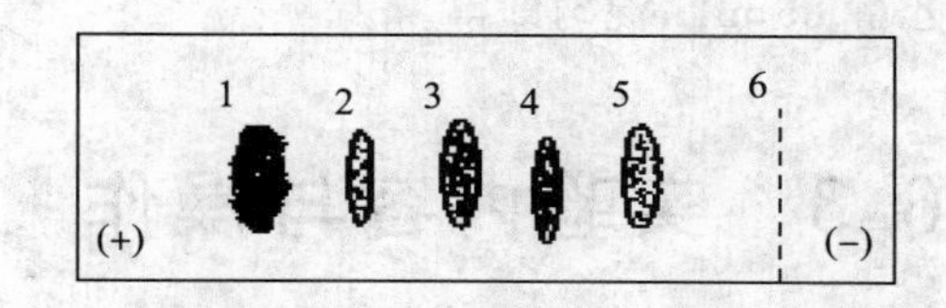

图 6-1 醋酸纤维素薄膜电泳示意图

1.清蛋白；2,3,4,5 依次为 α_1、α_2、β、γ-球蛋白；6.点样原点

表 6-1 血清中 5 种蛋白质的等电点及分子质量和百分含量

蛋白质	等电点(pI)	相对分子质量	百分含量/%
清蛋白	4.88	6 900	51～61
α_1-球蛋白	5.06	200 000	4～5
α_2-球蛋白	5.06	300 000	6～9
β-球蛋白	5.12	90 000～150 000	9～12
γ-球蛋白	6.85～7.56	156 000～300 000	15～20

影响泳动速度的主要因素有：溶液的 pH，电场强度，溶液的离子强度，电渗现象和温度。

6.2 实验用品

1.材料

未溶血的人或动物血清。

2.器材

醋酸纤维素薄膜(2 cm×8 cm)；电泳仪和电泳槽；培养皿；白瓷盘；镊子；点样器和点样管(自制)；直尺和铅笔；普通滤纸；吹风机。

3.试剂

巴比妥缓冲液(pH 8.6，离子强度 0.07)：称取巴比妥 2.76 g 和巴比妥钠 15.45 g，溶于少量蒸馏水后定容至 1 000 mL；染色液：称取氨基黑 10B 0.25 g，甲

醇 50 mL，冰醋酸 10 mL，加蒸馏水 40 mL，混匀，在具塞试剂瓶内贮藏（可重复使用）；漂洗液：取 95%乙醇 45 mL，冰醋酸 5 mL，蒸馏水 50 mL，混匀即得；透明液：冰醋酸 15 mL 和无水乙醇 85 mL，混匀即得。

6.3 实验内容与操作

1. 薄膜的准备

用镊子取醋酸纤维素薄膜一张，放在盛有缓冲液中浸泡约 0.5 h 以上。若漂浮于液面的薄膜在 15～30 s 内迅速润湿，整条薄膜色泽深浅一致，则此膜均匀可用于电泳；若薄膜润湿缓慢，色泽深浅不一或有条纹及斑点，则表示薄膜厚度不均匀应弃去，以免影响效果。薄膜浸透后，用镊子轻轻取出，夹在两层滤纸内吸干，方可用于电泳。

2. 点样

将以上吸干的薄膜毛面朝上，平放在干净的滤纸上，点样区距一端为 1.5 cm 处，点样时，先用点样管将 2～3 μL 的血清均匀地涂在点样器表面（该点样器是由载玻片一端磨成具有斜面而成），后用点样器上的血清"印"在薄膜的点样区内，注意应使血清均匀分布在点样区，形成具有一定宽度、粗细匀称的直线，切不可用力过大把薄膜弄破，事先可在滤纸上练习点样，掌握点样技术，是获得具有清晰区带电泳图谱的主要环节（图 6-2，图 6-3）。

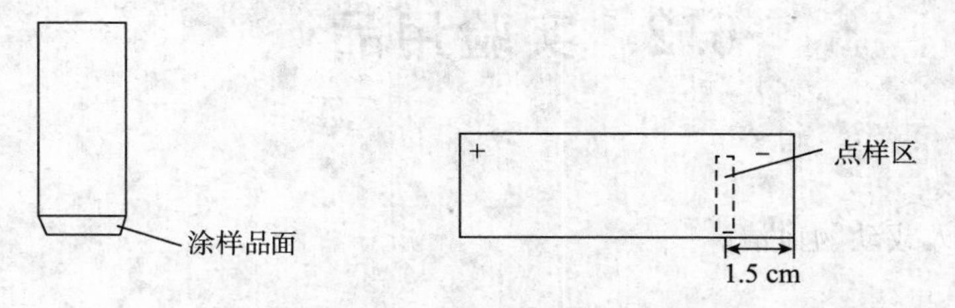

图 6-2 点样器示意图　　**图 6-3 醋酸纤维素薄膜点样位置示意图**

3. 电泳

在电泳槽内加入缓冲液，使两个电极槽内的液面等高，将膜条平悬于电泳槽支架的滤纸桥上（此滤纸桥是用尺寸合适的滤纸条，取双层附盖在电泳槽的支架上，使它的一端与支架的前沿对齐，而另一端浸入电泳槽的缓冲液内，使滤纸条紧贴在

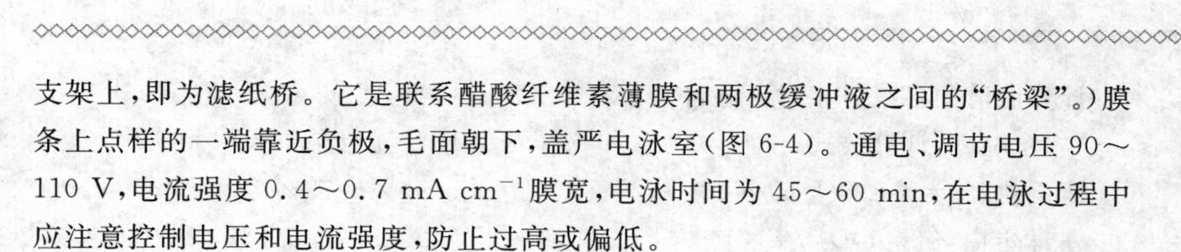

支架上，即为滤纸桥。它是联系醋酸纤维素薄膜和两极缓冲液之间的“桥梁”。）膜条上点样的一端靠近负极，毛面朝下，盖严电泳室（图 6-4）。通电、调节电压 90～110 V，电流强度 0.4～0.7 mA cm^{-1}膜宽，电泳时间为 45～60 min，在电泳过程中应注意控制电压和电流强度，防止过高或偏低。

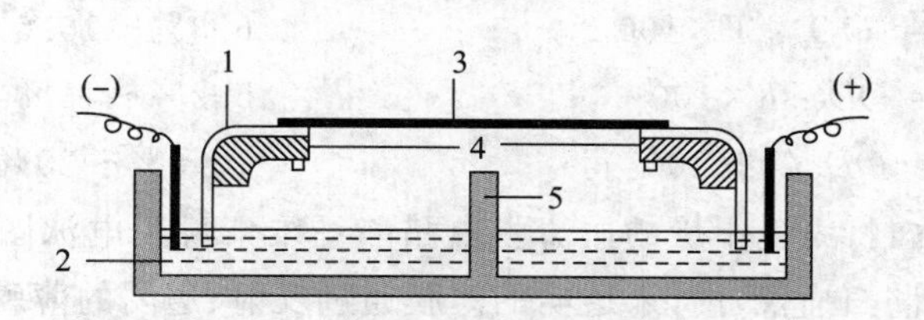

图 6-4　电泳装置剖视示意图

1. 滤纸桥；2. 电泳槽；3. 醋酸纤维素薄膜；4. 电泳槽支架；5. 电极室中央隔板

4. 染色和漂洗

电泳完毕立即取出薄膜，直接浸入染色液中，染色 5 min，取出。先用自来水细水冲洗，再在漂洗液中漂洗，连续更换三次漂洗液，可使背景颜色脱去得到色带清晰的电泳图谱。

5. 透明

将染色后漂洗干净的薄膜用电吹风吹干后，浸入透明液中 5～6 min 后取出，平贴在玻璃板上，不要存留气泡，放置 5 min 后，用吹风机将膜吹干。用刀片从膜的一角撬起，并划开一端，再用手捏住撬起的膜轻轻撕下，压平。此薄膜透明、区带着色清晰，可用于光吸收计扫描。长期保存不褪色。

6. 结果判断与定量

一般血清蛋白电泳经染色后可显示 5 条区带，其排列顺序参见图 6-1，未经透明处理的电泳图谱可直接用于定量测定，方法有两种：

洗脱法：将显色后的电泳区带依次剪下，并在阴极端剪一块与清蛋白区带面积相同的薄膜作为空白，分别浸于盛有 0.4 mol·L^{-1} NaOH 溶液的试管（清蛋白管加入 4 mL，其余每管各加 2 mL）摇匀，放入 37℃恒温水浴中浸提 30 min，每隔 10 min 摇动一次，以便将色泽完全洗脱下来，然后在 620 mm 波长处比色，测定各管的光密度值为 OD_m、$OD\alpha_1$、$OD\alpha_2$、OD_β、OD_γ，按下列方法计算血清各组分所占百分率：

计算光吸收值总和（简写为 T）：

$$T = 2 \times OD_m + OD_{\alpha_1} + OD_{\alpha_2} + OD_\beta + OD_\gamma$$

计算血清中各组分相对百分含量：

计算公式	正常值
清蛋白% $= 2\times OD_{m}/T\times100$	54%～73%
α_1 球蛋白% $= OD_{\alpha_1}/T\times100$	2.78%～5.1%
α_2 球蛋白% $= OD_{\alpha_2}/\mathrm{T}\times100$	6.3%～10.6%
β球蛋白% $= OD_{\beta}/T\times100$	5.2%～11%
γ球蛋白% $= OD_{\gamma}/T\times100$	12.5%～20%

光吸收扫描法：将染色干燥的血清蛋白醋酸纤维素薄膜电泳图谱放入自动光吸收扫描仪（或色谱扫描仪）内，未透明的薄膜通过反射、透明的薄膜通过透射方式进行扫描。在记录仪上自动绘出各组分的曲线图：横坐标为模的长度，纵坐标为光吸收值，每个峰代表一种蛋白组分。图 6-5 为扫描模式图。同时进行数据处理，以打字的方式显示各组分的相对百分含量。目前，临床检验多采用此法处理数据。

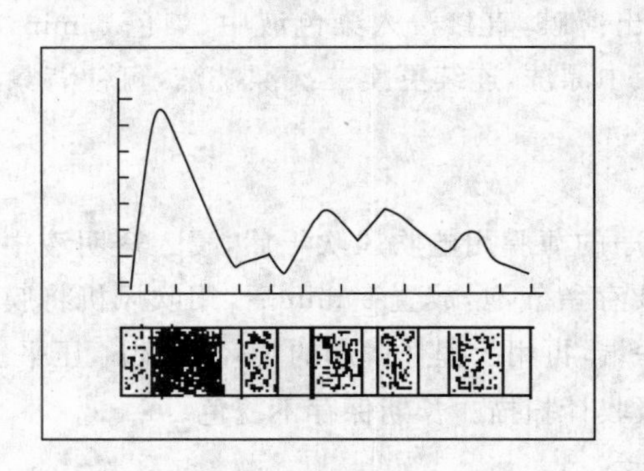

图 6-5　血清电泳扫描模式图

6.4　注意事项

(1)薄膜的浸润与选膜是电泳成败的关键之一。

(2)点样时，应将薄膜表面多余的缓冲液用滤纸吸去，吸水量以不干不湿为宜。

(3)点样时，动作要轻稳，用力不能太大，以免损坏膜片或印出凹陷影响区带分离效果。

(4)点样应点在薄膜的毛面上，点样适量，不宜过多或过少。

(5)电泳时应将薄膜的点样端靠近电泳槽的负极端，且点样面向下。

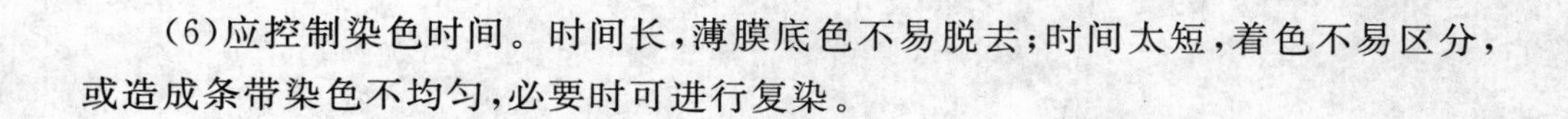

(6)应控制染色时间。时间长,薄膜底色不易脱去;时间太短,着色不易区分,或造成条带染色不均匀,必要时可进行复染。

6.5 作业与思考题

(1)做好本实验的关键步骤有哪些?为什么?

(2)为什么电泳时应将薄膜的点样端靠近电泳槽的负极端,而不是正极端?

(3)将你做的电泳图谱贴在实验报告上,标出各区带名称,并分析结果。并说明为什么这些区带按这种次序排列及对各区带的清晰程度加以分析。

(4)在给出的pH下,下述蛋白质在电场中向哪个方向移动?(即向阳极、阴极或不动)填入表中。

卵清蛋白(pI=4.6),在pH 5.0;

β-乳球蛋白(pI=5.2),在pH 5.0和pH 7.0;

糜蛋白酶原(pI=9.1),在pH 5.0、pH 9.1、pH 11.0。

蛋白质	pI	pH 5.0	pH 7.0	pH 9.1	pH 11.0
卵清蛋白	4.6				
β-乳球蛋白	5.2				
糜蛋白酶原	9.1				

实验7 SDS-聚丙烯酰胺凝胶电泳法测定蛋白质亚基的分子质量

7.1 实验目的与原理

1. 目的

学习和掌握SDS-聚丙烯酰胺凝胶电泳法测定蛋白质亚基分子质量的原理和方法。

2. 原理

十二烷基硫酸钠-聚丙烯酰胺凝胶电泳(sodium dodecyl sulphate-polyacrylamide gelelectrophoresis,简称SDS-PAGE)是传统的检测蛋白质亚基相对分子质量的方法之一,SDS是一种有效的阴离子去污剂,它在水溶液中以单体和分子团的混合形式存在,能破坏蛋白质分子中的氢键和疏水作用,并结合到蛋白质分子上,使分子去折叠,破坏蛋白质分子内的二级结构和三级结构,使蛋白质变性而改变原有的空间构象。巯基乙醇是一种强还原剂,它的作用是使蛋白质分子中的二硫键打开并不易再氧化。在样品中同时加入SDS和巯基乙醇后,寡聚蛋白质分子被解聚成多肽链,形成单链分子。单体蛋白和解聚后的蛋白质亚基能与SDS充分结合,形成带负电荷的SDS-蛋白质复合物。

在一定条件下,SDS与大多数蛋白质的结合比为1.4 g SDS/1 g蛋白质。由于十二烷基硫酸根所带负电荷量大大超过了蛋白质分子原有的净电荷量,从而消除了各种蛋白质分子之间的天然电荷差异。SDS与蛋白质结合后,还引起蛋白质构象的改变,SDS-蛋白质复合物在水溶液中的形状被认为是近似雪茄烟形的长椭圆棒,不同蛋白质的SDS复合物的短轴长度都是一样的约为1.8 nm,而长轴长度则随蛋白质分子质量的变化成正比例变化。因此SDS-蛋白质复合物在SDS-PAGE中的迁移率主要取决于蛋白质亚基的分子质量大小,而其他因素对迁移率的影响几乎可以忽略不计。实验证实当单体蛋白质或蛋白质亚基分子质量在15～200kD之间时，单体蛋白质或亚基的相对分子量与电泳迁移率呈线性关系，可用下式表示：

$$\lg M_{w}=K-bm_{R}$$

式中：M_w 为单体蛋白质或蛋白质亚基的分子质量；K 为截距；m_R 为电泳的相对迁移率；b 为斜率。

若测定某未知蛋白质的分子质量，只需用已知分子质量的标准蛋白质的迁移率对分子质量的对数作图，得到一条标准曲线，未知蛋白质在相同条件下电泳，得到样品电泳迁移率，在标准曲线上查得相对应的分子量，即为未知蛋白质分子质量。

SDS-聚丙烯酰胺凝胶电泳法具有仪器简单、操作简便、重复性好等特点，误差一般在±10%内，用途广泛，除可测定蛋白质亚基的分子质量之外，还可以用于变性蛋白质的分离、蛋白质分离纯化中各步骤的质量控制等。

7.2 实验用品

1. 材料

未知分子量的蛋白液。

2. 器材

夹心式垂直板电泳槽，直流稳压电泳仪（电压300～600 V，电流50～100 mA）；移液管（1、5、10 mL），烧杯（25、50、100 mL），细长头的吸管，微量注射器，染色缸。

3. 试剂

标准蛋白质：低相对分子质量标准蛋白，组分为兔磷酸化酶B(97 400)，牛血清蛋白(66 200)，鸡卵清蛋白（42 700），牛碳酸酐酶（31 000），鸡蛋清溶菌酶(14 000)；30%分离胶贮存液：称取30 g Acr，0.8 g Bis，加重蒸水至100 mL，过滤后置棕色瓶于4℃贮存；10%浓缩胶贮存液：10 g Acr，0.5 g Bis，加重蒸水至100 mL，过滤后置棕色瓶于4℃贮存；分离胶缓冲液（3.0 mol·L^{-1} Tris-HCl缓冲液pH 8.9）：取1 mol·L^{-1}盐酸48 mL，Tris 36.3 g，用无离子水溶解后定容至100 mL；浓缩胶缓冲液（0.5 mol·L^{-1} Tris-HCl缓冲液pH 6.7）：取1 mol·L^{-1}盐酸48 mL，Tris 5.98 g，用无离子水溶解后定容至100 mL；电泳缓冲液（0.384 mol·L^{-1} Tris-甘氨酸缓冲液pH 8.3，内含0.1%的SDS，0.05 mol/L的

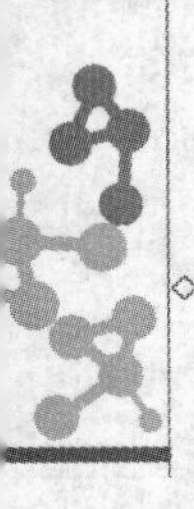

Tris):称取 Tris 6.0 g,甘氨酸 28.8 g,SDS 1.0 g,用无离子水溶解后定容至 1 000 mL;1×样品溶解液:取 SDS 100 mg,巯基乙醇 0.1 mL,甘油 1 mL,溴酚蓝 2 mg,0.2 mol·L^{-1},pH7.2 磷酸缓冲液 0.5 mL,加重蒸水至 10 mL;染色液:1.25 g考马斯亮蓝 R-250,加入 454 mL 50%甲醇溶液和 46 mL 冰乙酸,过滤后使用;脱色液:冰乙酸 75 mL,甲醇 50 mL,加蒸馏水定容至 1 000 mL;10%过硫酸铵溶液:称取过硫酸铵 1 g,用蒸馏水溶解定容至 100 mL;10%SDS 溶液:称取 SDS 1 g,用蒸馏水溶解定容至 100 mL;TEMED。

7.3 实验内容与操作

1. 安装电泳槽

按照电泳槽的使用说明安装电泳槽。

2. 制备凝胶板

(1)分离胶制备:根据待分离样品的分子大小,选用一定浓度的分离胶,按照表 7-1 配制凝胶混合液,用磁力搅拌器充分混匀 2 min。本实验选用的分离胶浓度为 12%,混合后的凝胶溶液,用细长头的吸管加至长、短玻璃板间的窄缝内,加胶高度距样品模板梳齿下缘约 1 cm。用吸管在凝胶表面沿短玻璃板边缘轻轻加一层重蒸馏水(3~4 cm),用于隔绝空气,使胶面平整。分离胶聚合后,可看到水与凝固的胶面有折射率不同的界限。待胶凝固后,倒掉重蒸水,用滤纸吸去多余的水。

表 7-1 SDS 不连续系统分离胶的配方

溶液成分	10 mL 凝胶液中各成分所需体积(质量分数=3%)				
	$T=6\%$	$T=7.5\%$	$T=10\%$	$T=12\%$	$T=15\%$
去离子水/mL	5.3	4.8	4.0	3.3	2.3
30%的凝胶贮存液/mL	2.0	2.5	3.3	4.0	5.0
分离胶缓冲液贮存液/mL	2.5	2.5	2.5	2.5	2.5
溶液真空抽气 15 min					
10%SDS/mL	0.1	0.1	0.1	0.1	0.1
10%AP/μL	50	50	50	50	50
TEMED/mL	8	6	4	4	4

(2)浓缩胶制备：根据所测定的蛋白质相对分子量的范围，选择相应的浓缩胶的浓度，本实验中选择的浓缩胶浓度为 3%。取浓缩胶贮存液 3.0 mL，Tris-HCl 缓冲液(pH 6.7)1.25 mL，10%的 SDS 0.1 mL，TEMED 5 μL，5.60 mL 重蒸水，10%过硫酸铵 50 μL，用磁力搅拌器充分混匀。混合均匀后用细长头的吸管将凝胶溶液加到长短玻璃板的窄缝内(及分离胶上方)，距短玻璃板上缘 0.5 cm 处，轻轻加入样品槽模板。待浓缩胶凝固后，轻轻取出样品模槽板，用手夹住两块玻璃板，上提斜插板，使其松开，然后取下玻璃胶室去掉密封用胶框，用 1%电泳缓冲液琼脂胶密封底部，再将玻璃胶室凹面朝里置入电泳槽。插入斜插板，将电泳缓冲液加至内槽玻璃凹口以上，外槽缓冲液加到距平玻璃上沿 3 mm 处。

3. 样品处理

各标准蛋白及待测蛋白都用样品溶解液溶解，若待测样品是溶液，可用较高浓度的样品溶液(2×或 4×)，按照比例与待测样品混合，使浓度为 0.5 mg · mL^{-1}，沸水浴加热 3～5 min，冷却至室温备用。处理好的样品液如经长期存放，使用前应再在沸水浴中加热 1 min，以消除亚稳态聚合。

4. 加样

一般加样体积为 10～15 μL(即 2～10 μg 蛋白质)。如样品较稀，可增加加样体积。用微量注射器小心将样品通过缓冲液加到凝胶凹形样品槽底部，每加完一个样品应洗涤加样注射器，最后在所有不用的样品槽中加上等体积的样品溶解液，待所有凹形样品槽内都加了样品，即可开始电泳。

5. 电泳

将直流稳压电泳仪开关打开，开始时将电流调至 10 mA。待样品进入分离胶时，将电流调至 20～30 mA。当蓝色染料迁移至底部时，将电流调回到零，关闭电源。拔掉固定板，取出玻璃板，用刀片轻轻将一块玻璃撬开移去，在胶板一端切除一角作为标记，将胶板移至大培养皿中染色。

6. 染色及脱色

将染色液倒入培养皿中，染色 1 h 左右，用蒸馏水漂洗数次，再用脱色液脱色，直到蛋白区带清晰，即可计算相对迁移率，见图 7-1。

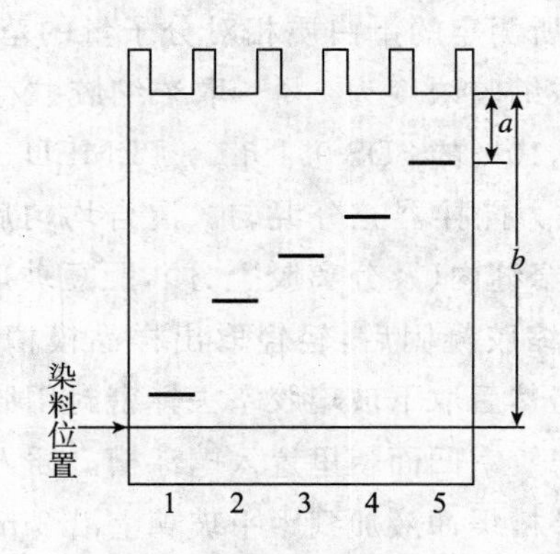

图 7-1　SDS-PAGE 图谱

a:电泳条带移动的距离;*b*:溴酚蓝移动的距离

7. 相对分子质量计算

通常以相对迁移率 R_f 来表示迁移率,计算如下:

$$R_f = 样品移动距离(mm)/溴酚蓝移动距离(mm)$$

以各标准蛋白质样品迁移率作横坐标,分子质量的对数作纵坐标。在半对数坐标纸上作图,得到标准曲线,根据待测样品的相对迁移率从标准曲线上查出分子量。

7.4　注意事项

(1)凝胶配制过程要迅速,催化剂 TEMED 要在注胶前再加入,否则凝胶凝结无法注胶。注胶过程最好一次性完成,避免产生气泡。

(2)样梳需一次平稳插入,梳口处不得有气泡,梳底需水平。

(3)加样时注射器不可过低,以防刺破胶体,也不可过高,在样下沉时会发生扩散。为避免边缘效应,最好选用中部的孔注样。

(4)不是所有的蛋白质都可以利用 SDS-PAGE 的方法来测定分子质量,带有较大辅基的蛋白质(如某些糖蛋白)以及一些结构蛋白(乳胶原蛋白)等用这种方法测出的分子质量是不可靠的。因此,在分析 SDS-PAGE 的结果时,不能盲目下结论,一般至少用两种以上的方法来测定未知蛋白的分子质量,以相互验证。

7.5　作业与思考题

(1)在不连续体系 SDS-PAGE 中，当分离胶加完后，需在其上加一层水，为什么？

(2)电极缓冲液中甘氨酸的作用？

(3)在不连续体系 SDS-PAGE 中，分离胶与浓缩胶中均含有 TEMED 和 AP，试述其作用？

(4)样品液为何在加样前需在沸水中加热几分钟？

实验8 总氮量的测定(微量凯氏定氮法)

8.1 实验目的与原理

1.目的

学习用微量凯氏定氮法测定生物样品总氮含量的原理,了解蛋白氮和非蛋白氮的测定方法和原理,掌握微量凯氏定氮法基本操作与技术。

2.原理

生物体内的有机含氮物(如蛋白质及核酸等)的含氮量常采用微量凯氏定氮法测定。各种蛋白质的含氮量都比较接近,平均为16%,因此将蛋白质含氮量乘以6.25(即每1 g氮相当于6.25 g蛋白质),便可计算出被测定样品中蛋白质的含量。

蛋白质样品先经浓硫酸加热消化,使蛋白质中的有机氮转变成为无机氮,然后经碱化蒸馏,放出的氨气用标准酸吸收,再用标准碱来滴定剩余的酸,计算出的含氮量乘以6.25,即是该样品的蛋白质含量(反应式如下):

有机含氮物+浓 $H_2SO_4 \rightarrow CO_2 + (NH_4)_2SO_4 + SO_2 + SO_3$

$(NH_4)_2SO_4 + 2NaOH \rightarrow 2NH_4OH + Na_2SO_4$

$NH_4OH \rightarrow NH_3 + H_2O$

$NH_3 + H_3BO_3 \rightarrow (NH_4)H_2BO_3$

$(NH_4)H_2BO_3 + HCl \rightarrow NH_4Cl + H_3BO_3$

若测定的蛋白质样品中尚含有其他含氮物质,为测得蛋白质的真实含量,应分别进行蛋白氮和非蛋白氮测定。一般用三氯醋酸等沉淀剂将蛋白质从样品中沉淀出来,按总氮法测定上清液的含氮量,得到非蛋白氮,然后由总氮量减去非蛋白氮量,再乘以系数,即为蛋白质含量;或直接测定沉淀的蛋白质氮,也可得到所测样品的蛋白质含量。

微量凯氏定氮法较精确可靠，最低测出量为 50 μg 氮，约相当于 0.3 mg 蛋白质，目前仍是生化分析中普遍使用的一种经典技术和基准方法。

8.2 实验用品

1. 材料

兔血清(卵清蛋白或其他含蛋白质样品)。

2. 器材

微量凯氏定氮仪(全套)，凯氏烧瓶(25 mL)，移液管(1 mL，2 mL，5 mL，10 mL)，电炉或煤气灯，锥形瓶(50 mL，100 mL)，量筒(10 mL)小漏斗，表面皿(5 cm)，微量滴定管(2 mL 或 5 mL)，酸式和碱式滴定管(25 mL)，容量瓶(50 mL，100 mL)，洗耳球，沸石或玻璃球。

3. 试剂

浓硫酸(A. R.)；30%双氧水溶液；硫酸钾和硫酸铜混合物：取硫酸钾 3 份和硫酸铜 1 份(质量分数)，混合研磨成粉状；30%NAOH 溶液；2%硼酸溶液；混合指示剂取 0.1%甲基红-无水乙醇溶液和 0.1%甲烯蓝-无水乙醇溶液按 4∶1 比例(体积分数)混合，放于棕色试剂瓶内备用；0.01 mol·L^{-1} 标准盐酸溶液；标准硫酸铵溶液(3 mg·mL^{-1})准确称取 141.6 mg 干燥硫酸铵(A. R.)，加蒸馏水定容至 100 mL。

8.3 实验内容与操作

1. 定氮仪的装置

按图 8-1 细心进行装置，要求稳固和便于操作，管道连接处要严密无泄漏现象。

2. 仪器的清洗

凯氏定氮仪是由几个部分组装在一起的成套装置，结构特殊，连接部位及进出口都是细口及管道，需要采用水蒸气进行洗涤。在清洗过程中进一步检查仪器装置有无漏气和漏液发生。

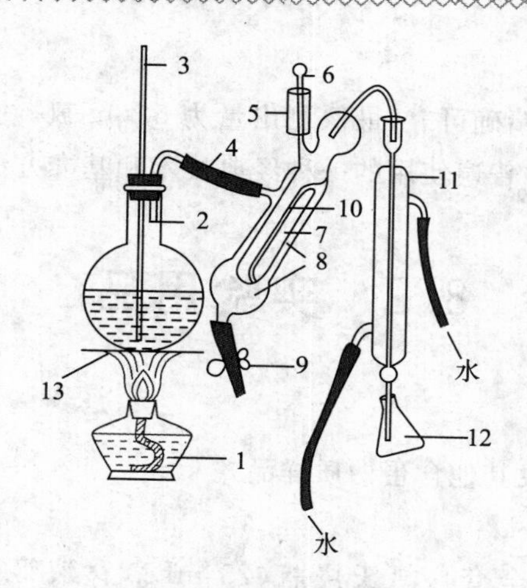

图 8-1 微量凯氏定氮仪

1. 煤气灯；2. 蒸汽发生器；3. 长玻璃管；4. 橡皮管；5. 小玻杯；6. 棒状玻璃塞；7. 反应室；8. 反应室外壳；9. 夹子；10. 反应室中插管；11. 冷凝管；12. 锥形瓶；13. 石棉网。

3. 标准硫酸铵样品测定

取 3 个 50 mL 锥形瓶，分别加入 5 mL 含有混合指示剂的硼酸溶液，用表面皿覆盖备用。准确吸取 2 mL 标准硫酸铵溶液，使样品液注入反应室中，闭上棒状玻塞。另取一个盛有硼酸溶液的锥形瓶，放在冷凝管下口，使冷凝管下口插入酸液内，保证反应所释放的氨全被吸收。

向样品杯中加入 30% NaOH 10 mL，再向样品杯中加约 5 mL 蒸馏水，使之缓缓流入反应室，并留少量水在样品杯内作水封。开始加热水蒸气发生器，沸腾后关闭夹子，进行蒸馏，当锥形瓶中酸液吸收了氨，由紫红色变成绿色。自变色起再蒸馏 3 min，移动锥形瓶，用表面皿盖好。以同样方法，练习蒸馏其他两个样品，待蒸馏完毕后，三瓶样品同时进行滴定，以减少实验误差。

在每次蒸馏完毕后，为了排除反应室中的废液，需要关闭夹子，向样品杯中加入冷蒸馏水，并让充足的蒸气通过反应室，使其中液体沸腾，让蒸气通过全套蒸馏仪清洗数分钟后，继续下一次蒸馏。

4. 生物样品总氮量的测定

生物材料中许多含有机氮物，不论液体或固体均可作为被测物，测定其总氮含量。本实验选用兔血清为材料，以液体样品进行总氮量的测定。操作步骤如下：

(1)样品准备：吸取 1 mL 兔血清，放入 50 mL 容量瓶中，加蒸馏水稀释至刻度，混匀备用。若溶液混浊可加少量氯化钠，然后混匀。

(2)消化:取 4 个凯氏烧瓶,编号,分别准确吸取 2 mL 稀释的血清溶液,小心地将血清溶液样品加入到 1、2 号烧瓶内底部,注意切勿使样品沾于瓶口及瓶颈上。同时向 3、4 号烧瓶中各加入 2 mL 蒸馏水,作为空白对照,以消除试剂中微量含氮物质的影响。然后向 4 个烧瓶中各加入约 100 mg 硫酸钾-硫酸铜混合物(作为催化剂)和 2 mL 浓硫酸,移至通风橱内,倾斜放置在电炉上,微火加热至沸腾,这时瓶内物质碳化变黑,并产生大量泡沫,要特别注意控制火力,不能让黑色物质升到瓶颈部,否则将严重影响实验结果。当混合物停止冒泡,气体逸出也较均匀时,可适当加大火力使瓶内液体保持微微沸腾。待烧瓶中消化液渐渐从棕黑色变成澄清,为保证反应的彻底完成继续沸腾 1 h。或基本澄清后,将烧瓶取下,让其稍稍冷却后,沿瓶壁缓缓加入 30% H_2O_2 2 滴,再继续加热 10 min ,如此可反复数次。反应终了,消化液应呈清澈淡蓝色或无色透明,若为淡黄色表示消化尚未完全。消化时间一般为 5～6 h 即可。消化时间也不宜过长,否则会引起氨的损失。有的样品中含赖氨酸或组氨酸较多,则消化时间需要延续 1～2 倍。消化完毕,关闭电炉,待烧瓶冷却至温室,进行蒸馏。

(3)蒸馏:取洗净的 50 mL 锥形瓶 4 个编号,按图装置用蒸气冲洗锥形瓶数分钟,冷却后各加入 20% 硼酸溶液 5 mL 及混合指示剂 2 滴,酸液应呈紫红色,用表面皿覆盖备用。如果锥形瓶内酸液呈绿色,则需要用水蒸气重新洗涤。

蒸馏器每次使用前,需要用水蒸气洗涤 10 min 左右,洗净后,吸弃反应室内的残夜,即可开始样品蒸馏。

将凯氏烧瓶中的消化液定量转移到反应室内,并用蒸馏水将凯氏烧瓶中冲洗 3 次,每次约用 2 mL,让洗涤液完全进入反应室,然后用少量蒸馏水洗涤加样杯,闭上棒状玻塞。以下操作完全按标准硫酸铵样品测定步骤进行。待 4 个凯氏烧瓶中消化液均蒸馏完毕,在统一进行滴定。

蒸馏时的实验环境切忌有碱性雾气,否则将会影响实验结果。

在蒸馏过程中,碱加入后,有铜氨离子,氢氧化铜或氧化铜等化合物生成,溶液呈蓝色或则褐色,并有胶状沉淀生成,这是很正常的现象。反之如果颜色不变,说明碱浓度可能不够或偏低。

(4)滴定:全部蒸馏完毕后(包括标准硫酸铵样品),用 0.01 mol · L^{-1} 标准盐酸滴定各锥形瓶中收集的氨量,当瓶中酸液由绿色变回淡紫色时,为滴定终点。对所消耗的标准盐酸溶液体积(mL)要分别详细记录。

5.实验数据处理

被测样品的含氮量,按下式计算:

样品的含氮量($mg \cdot mL^{-1}$或$mg \cdot g^{-1}$)$=(A-B)\times M_{HCl}\times 14\ /V$

式中:A为滴定样品用区的标准盐酸的mL数;B为滴定空白用区的标准盐酸的mL数;MHCl为标准HCl溶液的浓度($mol \cdot L^{-1}$);V为所取样品的mL数或g数;14为氮的原子量。

(1)标准硫酸铵样品中含氮量($mg \cdot mL^{-1}$):根据实验记录所消耗HCL溶液体积mL,按上式计算其实测结果的含氮量,并与已知浓度标准硫酸铵含量($3mg \cdot mL^{-1}$)进行比较,计算相对应误差是多少?

(2)兔血清样品中含氮量($mg \cdot mL^{-1}$):

样品中蛋白质含量计算:

①纯蛋白质样品:

蛋白质含量 = 总氮量×6.25

②不纯蛋白质样品(含非蛋白氮):

(总氮量-非蛋白氮)×6.25 = 蛋白质含量

8.4 注意事项

(1)有机含氮物的分解反应进行很慢,为了缩短消化时间,常加入少量催化剂(硫酸铜)以加速反应,同时还添加硫酸钾以提高硫酸的沸腾温度。

(2)凯氏定氮仪结构比较特殊,需要采用水蒸气进行洗涤,用一般方法很难清洗干净,清洗中注意检查仪器装置有无漏气和漏液发生。

8.5 作业与思考题

(1)计算兔血清中蛋白质的含量。

(2)如何检测牛奶中蛋白质的含量,如果有非法的添加剂,如三聚氰胺,如何检测?

实验9

考马斯亮蓝G-250染色法测定蛋白质含量

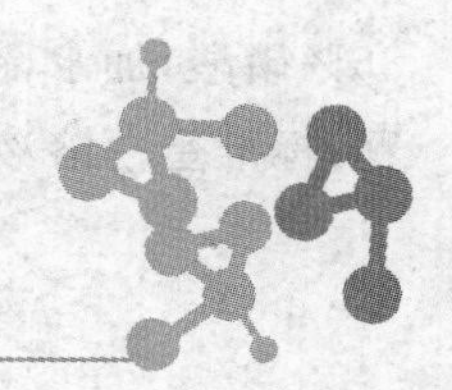

9.1 实验目的与原理

1. 目的

掌握考马斯亮蓝法测定蛋白质含量的基本原理和方法。

2. 原理

蛋白质的存在影响酸碱滴定中所用某些指示剂的颜色变化，从而改变这些染料的光吸收。在此基础上发展了蛋白质染色测定方法，涉及的指示剂有甲基橙、考马斯亮蓝、溴甲酚绿和溴甲酚紫。目前广泛使用的染料是考马斯亮蓝。

考马斯亮蓝 G-250 在酸性溶液中为棕红色，当它与蛋白质通过范德华键结合后，变为蓝色，且蛋白质在一定浓度范围内符合比尔定律，在 595 nm 处比色测定。2～5 min 即呈最大光吸收，至少可稳定 1 h。在含蛋白质 0.01～1.0 mg · mL^{-1} 范围内均可。该法操作简便迅速，消耗样品量少，但不同蛋白质之间差异大，且标准曲线线性差。高浓度的 Tris、EDTA、尿素、甘油、蔗糖、丙酮、硫酸铵和去污剂存在时对测定有干扰。缓冲液浓度过高时，改变测定液 pH 值会影响显色。

9.2 实验用品

1. 材料

未知浓度的蛋白质溶液，用酪蛋白配制，浓度控制在 10～30 mg · mL^{-1}。

2. 器材

试管，试管架，移液管(1 mL，5 mL)，可见分光光度计。

3. 试剂

染色液:取考马斯亮蓝 G-250 100 mg 溶于 50 mL 95%乙醇中,加 100 mL 85%磷酸,加水稀释至 1 L。该染色液可保存数月,若不加水可长期保存,用前稀释;标准蛋白溶液:0.1 mg·mL^{-1}牛血清白蛋白。

9.3 实验内容与操作

1. 标准曲线的制作

取 7 支试管,按下表加入试剂。

试剂/mL	试管号						
	0	1	2	3	4	5	6
标准蛋白溶液	0	0.1	0.2	0.4	0.6	0.8	1
蒸馏水	1	0.9	0.8	0.6	0.4	0.2	0
考马斯亮蓝试剂	5	5	5	5	5	5	5

将试管摇匀,放置 20 min,用分光光度计比色测定 OD_{595} 吸光值。以 OD_{595} 为纵坐标,标准蛋白质浓度为横坐标,绘制标准曲线。

2. 样品的测定

(1)取一支试管,加入未知浓度的蛋白质溶液 0.2 mL,蒸馏水 0.8 mL,考马斯亮蓝试剂 5 mL。

(2)将试管摇匀,放置 20 min。

(3)比色测定吸光值 OD_{595},对照标准曲线求样品蛋白质的浓度。

9.4 注意事项

(1)由于染料本身两种颜色形式的光谱有重叠,试剂背景值会因与蛋白质结合的染料增加而不断降低,因而当蛋白质浓度较大时,标准曲线稍有弯曲,但直线弯曲程度很轻,不影响测定。

(2)测定应在蛋白质染料混合后 2 min 开始,力争 1 h 内完成,否则会因蛋白

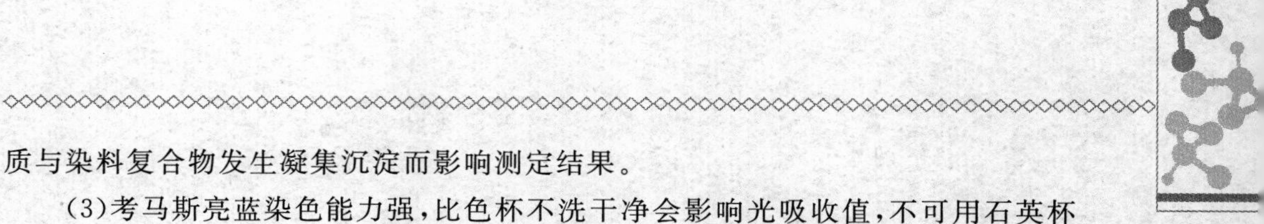

质与染料复合物发生凝集沉淀而影响测定结果。

(3)考马斯亮蓝染色能力强,比色杯不洗干净会影响光吸收值,不可用石英杯测定。

9.5 作业与思考题

(1)绘制标准曲线,并将实验结果与其他蛋白质测定方法比较分析。

(2)考马斯亮蓝法测定蛋白质的含量的原理是什么?此方法有什么优缺点?

实验10

Folin-酚试剂法测定蛋白质含量

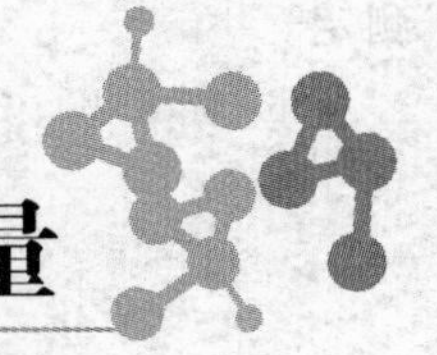

10.1 实验目的与原理

1. 目的

掌握 Folin-酚法测定蛋白质含量的原理和方法，熟悉分光光度计的操作。

2. 原理

蛋白质或多肽分子中有带酚基酪氨酸或色氨酸，在碱性条件下，可使酚试剂中的磷钼酸化合物还原成蓝色(生成钼蓝和钨蓝化合物)。

Folin-酚试剂法包括两步反应：第一步是在碱性条件下，蛋白质与铜作用生成蛋白质-铜络合物；第二步是此络合物将磷钼酸-磷钨酸试剂(Folin 试剂)还原，产生深蓝色(磷钼蓝和磷钨蓝混合物)，颜色深浅与蛋白质含量成正比。Folin 试剂显色反应由酪氨酸、色氨酸和半胱氨酸引起，因此样品中若含有酚类、柠檬酸和巯基化合物均有干扰作用。此外，不同蛋白质因酪氨酸、色氨酸含量不同而使显色强度稍有不同。Folin-酚试剂法灵敏度高，较紫外吸收法灵敏 10～20 倍，双缩脲法灵敏 100 倍；操作简单快速，不需要复杂的仪器设备。但它的不足之处是反应过程中受干扰因素较多。

10.2 实验用品

1. 材料

绿豆芽下胚轴(或其他蛋白质含量高且易于测定的材料如面粉)。

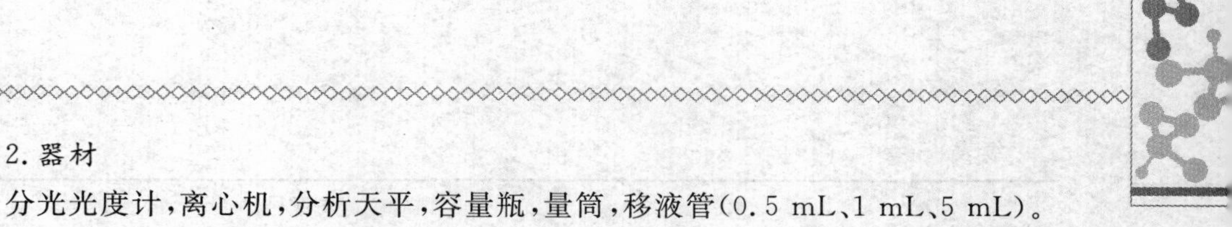

2. 器材

分光光度计，离心机，分析天平，容量瓶，量筒，移液管（0.5 mL、1 mL、5 mL）。

3. 试剂

Folin-酚试剂 A：碱性铜溶液 甲液：取 Na_2CO_3 2 g 溶于 100 mL 0.1mol・L^{-1} 氢氧化钠溶液中，乙液：取 CuSO4.5H_2O 晶体 0.5 g，溶于 1%酒石酸钾 100 mL 中，临用时按甲：乙＝50：1 混合使用。Folin-酚试剂 B：将 100 g 钨酸钠、25 g 钼酸钠、700 mL 蒸馏水、50 mL 85%磷酸及 100 mL 浓盐酸置于 1 500 mL 的磨口圆底烧瓶中，充分混匀后，接上磨口冷凝管，回馏 10 h，再加入硫酸锂 150 g，蒸馏水 50 mL 及液溴数滴，开口煮沸 15 min，在通风橱内驱除过量的溴。冷却，稀释至 1 000 mL，过滤，滤液成微绿色，贮于棕色瓶中。临用时，用 1 mol・L^{-1} 的氢氧化钠溶液滴定，用酚酞作指示剂，根据滴定结果，将试剂稀释至相当于 1 mol・L^{-1} 的酸。

10.3 实验内容与操作

1. 标准曲线的制作

（1）配制标准牛血清白蛋白溶液：在分析天平上精确称取 0.025 0 g 结晶牛血清白蛋白，倒入小烧杯内，用少量蒸馏水溶解后转入 100 mL 容量瓶中，烧杯内的残液用少量蒸馏水冲洗数次，冲洗液一并倒入容量瓶中，用蒸馏水定容至 100 mL，则配成 250 $\mu g \cdot mL^{-1}$ 的牛血清白蛋白溶液。

（2）系列标准牛血清白蛋白溶液的配制：取 6 支普通试管，按下表加入标准浓度的牛血清白蛋白溶液和蒸馏水，配成一系列不同浓度的牛血清白蛋白溶液。然后各加试剂甲液 5 mL，混合后在室温下放置 10 min，再各加 0.5 mL 试剂乙液，立即混合均匀（这一步速度要快，否则会使显色程度减弱）。30 min 后，以不含蛋白质的 1 号试管为对照，用 722 型分光光度计于 650 nm 波长下测定各试管中溶液的光密度并记录结果。

试剂/mL	试管号					
	1	2	3	4	5	6
牛血清蛋白液（250 μg・mL⁻1）	0	0.2	0.4	0.6	0.8	1
蒸馏水	1	0.8	0.6	0.4	0.2	0

续表

试剂/mL	试管号					
	1	2	3	4	5	6
Folin-酚试剂 A	5.0	5.0	5.0	5.0	5.0	5.0
	摇匀,在室温下放置 10 min					
Folin-酚试剂 B	0.5	0.5	0.5	0.5	0.5	0.5
	摇匀,在室温下放置 30 min 后在 650 nm 下进行比色					
$OD_{650\ nm}$						

2. 样品的提取及测定

(1)准确称取绿豆芽下胚轴 1 g,放入研钵中,加蒸馏水 2 mL,研磨匀浆。将匀浆转入离心管,并用 6 mL 蒸馏水分次将研钵中的残渣洗入离心管,离心 4 000 r · min^{-1}、20 min。将上清液转入 50 mL 容量瓶中,用蒸馏水定容到刻度,作为待测液备用。

(2)取普通试管 2 支,各加入待测溶液 1 mL,分别加入试剂甲 5 mL,混匀后放置 10 min,再各加试剂乙 0.5 mL,迅速混匀,室温放置 30 min,于 650 nm 波长下测定光密度,并记录结果。

3. 结果计算

计算出两重复样品光密度的平均值,从标准曲线中查出相对应的蛋白质含量 $X(\mu g)$,再按下列公式计算样品中蛋白质的百分含量。

$$样品蛋白质含量=\frac{X/\mu g\times 稀释倍数}{样品重/g\times 10^6}\times 100\%$$

10.4 注意事项

(1)一定要注意实验的时间,因为溶液的光密度值是随着时间在不断增大的,如果时间超过 了 30 min,则测得的光密度值不准确。

(2)由于分光光度计比较精密,所以往试管中加药品的时候要尽量做到准确。

(3)注意比色皿的正确使用,如比色皿中装入的液体量大约是比色皿体积的 2/3;在擦拭比色皿时,要顺着一个方向擦,以保证吸光度测量不受影响;比色皿的

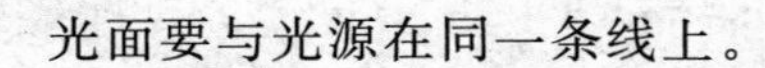

光面要与光源在同一条线上。

10.5 作业与思考题

(1)试说明 Folin-酚试剂法测定蛋白质含量的原理。

(2)Folin-酚试剂法测蛋白质含量为什么要求加入乙试剂后立即混匀?

(3)干扰 Folin-酚试剂法测定蛋白质含量的因素有哪些?

实验11

蒽酮比色定糖法

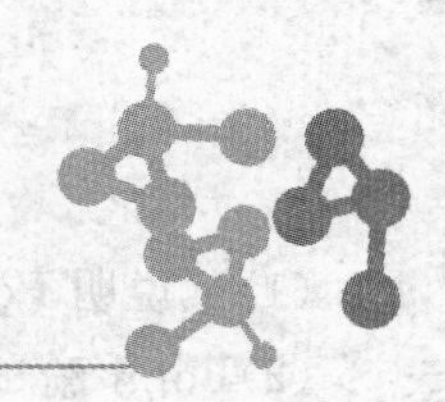

11.1 实验目的与原理

1. 目的

掌握分光光度法的基本原理，学习蒽酮比色法测定植物糖含量的原理和方法。

2. 原理：

溶液中的物质在光的照射激发下，产生对光的吸收效应，不同的物质具有各自选择性的吸收光谱，因此，当某单色光通过溶液时，能量会被吸收而减弱，光能量减弱的程度和物质浓度有一定比例关系，即符合比色原理的朗伯-比尔定律：

$$A = \lg(1/T) = Kbc$$

式中：A 为吸光度；T 为透射比，是投射光强度比上入射光强度；c 为吸光物质的浓度；b 为吸收层厚度。

当一束平行单色光垂直通过某一均匀非散射的吸光物质时，其吸光度 A 与吸光物质的浓度 c 及吸收层厚度 b 成正比。

糖在浓硫酸作用下，可经脱水反应生成糠醛或羟甲基糠醛，生成的糠醛或羟甲基糠醛可与蒽酮反应生成蓝绿色糠醛衍生物，在一定范围内，颜色的深浅与糖的含量成正比，故可用于糖的定量测定。糖类与蒽酮反应生成的有色物质在可见光区的吸收峰为 620 nm。

该法的特点是几乎可以测定所有的糖类，不但可以测定戊糖与己糖，而且可以测所有寡糖类和多糖，其中包括淀粉、纤维素等（因为反应液中的浓硫酸可以把多糖水解成单糖而发生反应），所以用蒽酮法测出的糖含量，实际上是溶液中全部可溶性糖总量，在没有必要细致划分各种糖类的情况下，用蒽酮法可以一次测出总量，省去许多麻烦，有特殊的应用价值。但在测定水溶性碳水化合物时，因与蒽酮试剂发生反应而增加了测定误差。此外，不同的糖类与蒽酮试剂的显色深度不同，果糖显色最深，葡萄糖次之，半乳糖、甘露糖较浅，五碳糖显色更浅，故测定糖的混合物时，常因不同糖类的比例不同造成误差，但测定单一糖类时，则可避免此种误差。

11.2 实验用品

1. 材料

菜叶或者植物块茎。

2. 器材

水浴锅，722S 分光光度计，250 mL 容量瓶，漏斗，大试管。

3. 试剂

蒽酮试剂：取 0.2 g 蒽酮溶于 100 mL 80%（体积分数）硫酸中，当日配制使用；标准葡萄糖溶液 0.1 mg · mL^{-1}，可滴加几滴甲苯作防腐剂。

11.3 实验内容与操作

1. 标准曲线的制作

取干试管 6 支，依次加入标准糖溶液 0 mL、0.1 mL、0.2 mL、0.3 mL、0.4 mL、0.5 mL，并依次用蒸馏水补足体积到 1 mL，各管均加入蒽酮试剂 4 mL，沸水浴准确煮沸 10 min，室温放置 10 min，用 1 号试管溶液调零，比色测定 A_{620}（同时测定样品）。用标准糖溶液浓度为横坐标，吸光度为纵坐标，制作标准曲线。

2. 样品含糖量的测定

(1)取菜叶（包菜和白菜两个样）准确称取 1.00 g 剪碎研细后，放入大试管，加入 25 mL 蒸馏水，煮沸 10 min，通过漏斗滤入 250 mL 容量瓶中（可以抽滤），并用煮沸蒸馏水提取两次，滤液并入容量瓶中，滤纸上的残渣用水冲两次，冷却定容至刻度。

(2)吸取 0.5 mL 滤液于编号的 3 只试管中，以蒸馏水补足 1.00 mL；另吸取

1.00mL 滤液于另编号的 3 只试管中，加蒽酮试剂 5.0 mL(于冷水浴中操作)，摇匀后于沸水浴中煮沸 7 min，取出冷却至室温，以求标准曲线的 1# 管作为参比，用 722S 分光光度计在 620 nm 处测吸光度或透过率。

3.计算

$$糖含量(mg \cdot mL^{-1})=A\times C/W$$

式中：A 为样品稀释后的体积；C 为标准曲线查出的糖含量；W 为样品的体积。

11.4　注意事项

(1)当分析含淀粉多的样品时(如马铃薯块茎)，可将残渣放在 80℃烘箱中烘干，以备测定淀粉和纤维素用。

(2)蒽酮试剂需现用现配，且在加入蒽酮试剂的时候若使蒽酮沿着粘有水的试管壁流下时，便会导致蒽酮试剂被稀释，操作中便会出现浑浊现象。

11.5　作业与思考题

(1)分光光度法(比色法)的原理是什么？

(2)分析蒽酮比色定糖法和其他定糖方法的优劣。

(3)列举水果中糖的提取方法。

实验12 3，5-二硝基水杨酸比色定糖法

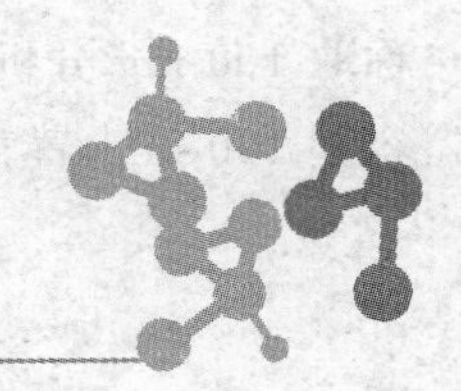

12.1 实验目的与原理

1. 目的

掌握3,5-二硝基水杨酸比色定糖法的原理及方法，用3,5-二硝基水杨酸定糖法测定植物材料中的还原糖，熟悉721或722S型分光光度计的原理及使用方法。

2. 原理

糖的测定方法有物理和化学两类。由于化学方法比较准确，常常使用。还原糖的测定是糖定量测定的基本方法。还原糖是指含有自由醛基和酮基的糖类，3,5-二硝基水杨酸与还原糖共热后被还原成棕红色的氨基化合物，在一定范围内，棕红色物质颜色的深浅程度与还原糖的量成正比。因此，可以利用比色法测定样品中还原糖以及总糖的量。半微量定糖法，操作简便、快速，杂质干扰较少。

12.2 实验用品

1. 材料

青菜叶或苹果(去皮)

2. 器材

721或722S型分光光度计；恒温水浴锅；大试管和大试管架；容量瓶(100 mL)；玻璃漏斗和纱布、滤纸；移液管和移液管架。

3. 试剂

3,5-二硝基水杨酸(DNS)试剂：6.3 g DNS和262 mL 2 mol·L^{-1} NaOH，加

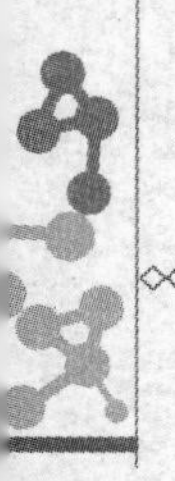

到 500 mL 含有 182 g 酒石酸钾钠的热水溶液中，再加 5 g 重蒸酚和 5 g 亚硫酸钠，搅拌溶液，冷却后加水定容至 1 000 mL，贮于棕色瓶中；0.1%葡萄糖标准液：准确称取 100 mg 分析纯的葡萄糖(预先在 105℃干燥至恒温)，用少量蒸馏水溶解后定容至 100 mL，置于冰箱保存备用。

12.3 实验内容与操作

1. 样品中还原糖的提取

称取青菜叶 5 g 或苹果 0.5 g(去皮)加石英砂少许于研钵中研磨，加 30 mL 蒸馏水洗研钵并移至大试管，放入 50℃恒温水浴锅中保温 30 min。保温完毕先用纱布过滤，再用滤纸过滤，移入 100 mL 容量瓶，蒸馏水定容备用。

2. 葡萄糖标准曲线的制作

取 7 支大试管分别按表 12-1 顺序加入各种试剂。

表 12-1 制作葡萄糖标准曲线时各试剂用量

项 目	空 白	1	2	3	4	5	6
含糖总量/mg	0	0.4	0.6	0.8	1.0	1.2	1.4
葡萄糖液/mL	0	0.4	0.6	0.8	1.0	1.2	1.4
蒸馏水/mL	2.0	1.6	1.4	1.2	1.0	0.8	0.6
DNS 试剂/mL	1.5	1.5	1.5	1.5	1.5	1.5	1.5
加热	均在沸水浴中加热 5 min						
冷却	立即用流动冷水冷却						
蒸馏水/mL	21.5	21.5	21.5	21.5	21.5	21.5	21.5
光密度/OD_{520}							

将以上各管溶液混匀后，在 721 或 722S 型分光光度计(520 nm)进行比色测定，用空白管溶液调零点，记录光密度值，以葡萄糖浓度为横坐标，光密度为纵坐标，绘制出标准曲线。

3. 样品中含糖量的测定

取 4 支大试管，分别按表 12-2 加入各种试剂。

表 12-2 测定样品中含糖量时各试剂用量

项 目	空 白	还原糖		
		1	2	3
样品量/mL	0	1.0	1.0	1.0
蒸馏水/mL	2.0	1.0	1.0	1.0
DNS 试剂/mL	1.5	1.5	1.5	1.5
加热	均在沸水浴中加热 5 min			
冷却	立即用流动冷水冷却			
蒸馏水/mL	21.5	21.5	21.5	21.5
光密度/OD_{520}				

将各管混匀后，按制作标准曲线时同样的操作测定各管的光密度，在标准曲线上查出相应的还原糖含量，按下述公式计算出青菜叶或苹果内还原糖的百分含量。

$$还原糖=\frac{还原糖毫克数\times样品稀释倍数}{样品重量}\times100\%$$

12.4 注意事项

(1)实验过程中所有的试管要干净，加入各种试剂量要准确。

(2)过滤前，纱布要洗净、拧干。

12.5 作业与思考题

(1)写出 3,5-二硝基水杨酸的化学结构式。

(2)用分光光度计比色测定时为什么要设空白管？

(3)如何减少该实验误差，提高测定准确度？

实验13 邻甲苯胺法测定血糖

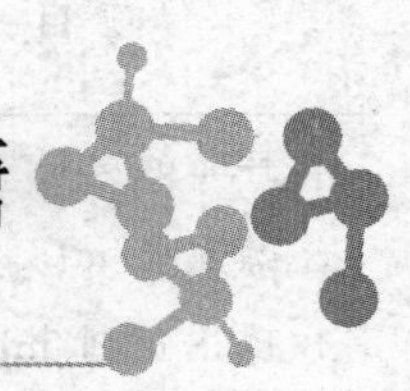

13.1 实验目的与原理

1. 目的

掌握血糖的概念，了解血糖测定的意义，掌握邻甲苯胺法测定血糖的原理和方法，学习绘制标准曲线。

2. 原理

血糖指血中的葡萄糖，主要来自食物，血糖水平恒定维持在 4.5～5.5 mmol・L^{-1} 之间，这是进出血液的葡萄糖平衡的结果。血糖水平保持稳定既是糖、脂肪、氨基酸代谢协调的结果，也是肝、肌肉、脂肪组织等各器官组织代谢协调的结果，对维持机体的正常生理功能有重要意义。

血样中的葡萄糖在热的强酸溶液中，脱水生成 5-羟甲基-2-呋喃甲醛，后者与邻甲苯胺缩合成蓝色的醛亚胺（Schiff 氏碱）有色化合物，吸收峰在 630 nm，颜色深浅与葡萄糖含量成正比，可比色定量测定。其反应式如下：

$$\underset{\text{己醛糖}}{HOCH_2-CHOH-CHOH-CHOH-CHOH-CHO} \xrightarrow[-3H_2O]{\text{酸}\triangle} \underset{\text{羟甲基糠醛}}{HOCH_2-C_4H_2O-CHO} \xrightarrow[-H_2O]{CH_3C_6H_4NH_2\ (\text{邻甲苯胺})} \underset{\text{醛亚胺(蓝色)}}{HOCH_2-C_4H_2O-CH{=}N-C_6H_4CH_3}$$

由于邻甲苯胺只与醛糖作用而显色，血糖中的醛糖又是葡萄糖，故此种测定法不受血液中其他还原物质的干扰，测定时也无须去除血浆或血清中的蛋白质。此法测出的血糖接近真正的葡萄糖，血浆或血清中葡萄糖的正常值为 0.7～1.0 mg・mL^{-1}。

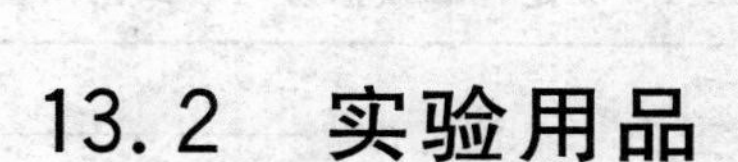

13.2 实验用品

1. 材料

新鲜血液样品(抗凝)。

2. 器材

试管及试管架;刻度吸量管;容量瓶;分光光度计;水浴锅。

3. 试剂

饱和苯甲酸溶液 称取苯甲酸 2.5 g,加入蒸馏水 1 000 mL,煮沸使之溶解,冷却后盛于试剂瓶中;葡萄糖贮存液(10.0 mg · mL^{-1}):称取已干燥的无水葡萄糖 1.0 g,以饱和苯甲酸溶液定容至 100 mL,2 h 以后方可使用。置冰箱中可长期保存。邻甲苯胺试剂称硫脲(A. R.)2.5 g 溶于冰乙酸(A. R)750 mL,将此溶液移入 1 000 mL 容量瓶内,加邻甲苯胺 150 mL、2.4%硼酸溶液 100 mL、加冰乙酸定容至 1 000 mL。此溶液应置于棕色瓶内室温保存,至少可应用 2 个月。新配制试剂应放置 24 h 后待老化使用,否则反应产物的吸光度低。

13.3 实验内容与操作

1. 新鲜抗凝全血样品

2 500 r · min^{-1}离心 15 min,分离血浆备用。

2. 葡萄糖标准液的配制

取 10 mL 容量瓶 5 只,分别编号 1、2、3、4、5,依次加入葡萄糖贮存液 0.5 mL、1.0 mL、2.0 mL、3.0 mL 及 4.0 mL,再以饱和苯甲酸溶液稀释至刻度,混匀,即成葡萄糖标准液,其浓度依次为 0.5 mg · mL^{-1}、1 mg · mL^{-1}、2 mg · mL^{-1}、3 mg · mL^{-1}、4 mg · mL^{-1}。

3. 血糖的测定

各管按表 13-1 加入试剂,并进行操作。

表 13-1　测定样品血糖量时各试剂用量

试剂/mL	空白	测定管	标准管				
			1	2	3	4	5
蒸馏水	0.1						
葡萄糖应用标准液			0.1	0.1	0.1	0.1	0.1
血浆		0.1					
邻甲苯胺	5.0	5.0	5.0	5.0	5.0	5.0	5.0
加热	均在沸水浴中加热 5 min						
冷却	立即用流动冷水冷却						
光密度/OD_{630}							

将以上各管在分光光度计上进行比色，以空白管校正吸光度零点、读取各管 630 nm 波长的吸光度。以 1、2、3、4、5 管吸光度作纵坐标，葡萄糖含量作横坐标，绘制出标准曲线。测出测定管光密度值后，在标准曲线上查出待测样品相应的血糖含量。

13.4　注意事项

(1)测定液的呈色强度与反应条件有关，邻甲苯胺的批号、邻甲苯胺试剂的新老(如试剂配制后过久，呈色变浅)以及加热温度和加热时间等都会影响显色强度。

(2)最终反应液偶尔会产生混浊，最常见原因是血脂的影响。此时，可向显色液中加入 1.5 mL 异丙醇，充分混匀，溶解脂质可消除浊度，所测吸光度乘以 1.5。

13.5　作业与思考题

(1)标准曲线的制作是否可长期使用？为什么？

(2)血糖比色测定过程中为什么立即用流动冷水冷却？

实验14　酶的化学特性

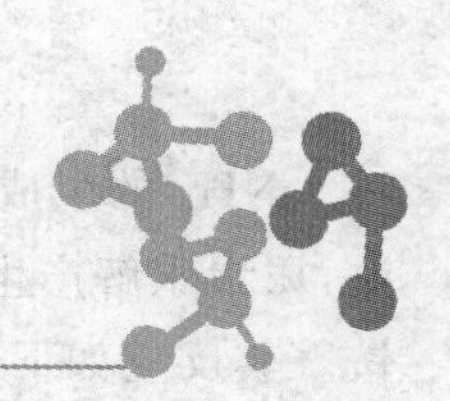

14.1　实验目的与原理

1. 目的

掌握检测酶特异性的方法原理，了解酶的化学特性，学会排除干扰因素，设计酶学实验。

2. 原理

酶是活细胞产生的，具有蛋白质性质的“生物催化剂”，绝大多数生物化学反应都是在酶作用下进行的。

本实验就是通过3个小实验的具体实践事例，认识作为有机催化剂的酶的一些基本特性—蛋白质本质，催化特性，酶催化作用的专一性。

(1)酶的蛋白质本质：酶的化学本质是蛋白质，这可以用双缩脲反应来说明。因为普通蛋白质都具有双缩脲反应，如酶也是蛋白质，那么酶也应该产生双缩脲反应，因此双缩脲反应就成为验证酶的蛋白质本质最基本的方法之一。

将尿素加热至180℃则两分子尿素缩合生成一分子双缩脲并放出一分子氨。在碱性溶液中，双缩脲与硫酸铜结合生成紫红色复合物，这呈色反应称为双缩脲反应，反应式参见本书实验四部分。

(2)酶的催化作用：

酶是有机催化剂，生物体内不断进行的化学变化，绝大多数是在酶的催化下进行的。没有酶，这些反应就不能发生或者速度极其缓慢。例如生物体内进行的尿素分解反应，必须在脲酶催化下进行，否则不能发生。脲酶广泛分布于多种细菌、高等植物及动物部分组织中，其中以刀豆含量最高(达0.15%)，脲酶只能作用尿素，使尿素水解。其反应如下：

$$O=C(NH_2)_2 + H_2O \xrightarrow{脲酶} 2NH_3\uparrow + CO_2$$

NH_3 的生成与否就可了解脲酶催化作用的有无。测定 NH_3 可用奈斯勒比色法，尿素水解产生的 NH_3 可以和奈斯勒试剂反应生成橙黄色的化合物碘化双汞铵。其反应如下：

$$NH_3 + 2(HgI_2 \cdot 2KI) + 3NaOH \longrightarrow O\begin{matrix}Hg\\ \\Hg\end{matrix}NH_2I + 4KI + 2H_2O + 3NaI$$

根据生成碘化双汞铵量的多少，或其颜色的深浅，可判断脲酶作用产生氨的多少以及反应进行的程度。

(3)酶的催化专一性：酶具有催化专一性，亦即每一种酶只作用一种或一组相似的物质。如唾液淀粉酶能水解淀粉，生成有还原性的麦芽糖，但不能水解蔗糖，蔗糖酶能水解蔗糖，生成有还原性的果糖和葡萄糖，而不能水解淀粉。

14.2 实验用品

1. 材料

鸡蛋，鲜酵母，刀豆，唾液等。

2. 器材

大试管，小试管，移液管，试管架，恒温水浴锅，量筒，温度计。

3. 试剂

10%NaOH：10 gNaOH 溶于蒸馏水稀释至 100 mL；1%$CuSO_4$：1 g $CuSO_4$ 溶于蒸馏水稀释至 100 mL；0.25%胰蛋白酶及 0.25%胃蛋白酶；1.25%卵清蛋白质溶液；1%淀粉液：将 1 g 可溶性淀粉及 0.5 g NaCl 混悬于 5 mL 蒸馏水中，搅动后缓慢倒入沸腾的 60 mL H_2O 中，搅动煮沸 1 min，凉至室温后加 H_2O 至 100 mL，放置于冰箱贮存；2%蔗糖溶液：蔗糖是典型的非还原性糖，若商品蔗糖中还原糖含量超过一定标准，则呈还原性，这种蔗糖不能使用，所以实验前必须进行检查，本实验用的蔗糖至少是分析纯的试剂，要现用现配；蔗糖酶溶液：取 1 g 新鲜酵母放入

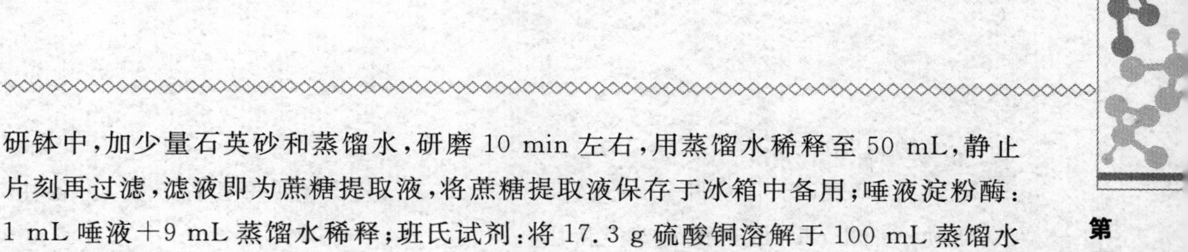

研钵中，加少量石英砂和蒸馏水，研磨 10 min 左右，用蒸馏水稀释至 50 mL，静止片刻再过滤，滤液即为蔗糖提取液，将蔗糖提取液保存于冰箱中备用；唾液淀粉酶：1 mL 唾液＋9 mL 蒸馏水稀释；班氏试剂：将 17.3 g 硫酸铜溶解于 100 mL 蒸馏水中，加热，冷却后稀释至 150 mL，取柠檬酸钠 173 g 及碳酸钠（$Na_2CO_3 \cdot H_2O$）100 g加水 600 mL，加热使之溶解，冷却后稀释至 850 mL，最后把硫酸铜溶液缓缓倾入柠檬酸钠—碳酸钠溶液中，边加边搅拌，如有沉淀可过滤，此试剂可长期保存；奈斯勒试剂：3.5 g KI 和 1.3 g $HgCl_2$，溶解于 70 mL 水中，然后加入30 mL 4 mol·L^{-1} NaOH（或 KOH）溶液，必要时过滤，并保存于关紧的玻璃瓶中；1％脲酶液（或 0.2％刀豆粉）；1％尿素液；1％含 NaF 的尿素液：每 100 mL 尿素液中加 0.5 g NaF；磷酸缓冲液（1/15 mol·L^{-1}）：A. $NaH_2PO_4 \cdot 2H_2O$ 10.402 0 g·L^{-1}，B. $Na_2HPO_4 \cdot 2H_2O$11.870 0 g·L^{-1}（表 14-1）。

表 14-1　磷酸氢二钠-磷酸二氢钠缓冲液（1/15 mol·L^{-1}）

缓冲液	pH													
	5.4	5.6	5.8	6.0	6.2	6.4	6.6	6.8	7.0	7.2	7.4	7.6	7.8	8.0
A/mL	9.7	9.5	9.22	8.8	8.15	7.35	6.25	5.0	3.89	2.85	1.96	1.32	0.86	0.55
B/mL	0.3	0.5	0.78	1.2	1.85	2.65	3.75	5.0	6.11	7.15	8.04	8.68	9.14	9.45

14.3 实验内容与操作

1.酶的蛋白质本质

取 3 支洁净试管，标明 1、2、3 记号，按表 14-2 进行实验操作，并将各管产生的颜色填入表中。

表 14-2　鉴定酶的蛋白质本质

管号	胰蛋白酶溶液	胃蛋白酶溶液	卵清蛋白酶溶液	10％NaOH	1％$CuSO_4$	实验结果（颜色）
1	2 mL			2 mL	5 滴	
2		2 mL		2 mL	5 滴	
3			2 mL	2 mL	5 滴	

2. 酶的催化作用

取试管10支，分别标明1、2、3、4、5和1′、2′、3′、4′、5′(即每套各5支)。各注入奈斯勒试剂1 mL，放在试管架上待用。

另取2支大试管，注明Ⅰ、Ⅱ记号分别按表14-3加入溶液。

表14-3　鉴定酶的催化作用时各试剂用量　　mL

管号	1%尿素液	1%含NaF尿素液	磷酸缓冲液(pH=7)
Ⅰ(正常催化作用)	8	—	12
Ⅱ(去活化作用)	—	8	12

再取一支小试管装脲酶液10 mL，然后将盛脲酶液的这支试管和盛有基质液的Ⅰ号、Ⅱ号大试管都移入恒温水浴中(37℃)，待溶液温度与水浴平衡后(5 min)再进行下一步实验。

以上小试管的脲酶液和Ⅰ、Ⅱ号管基质液在37℃恒温水浴中平衡5 min后，向正常催化管(Ⅰ号大试管)加取自小试管脲酶液4 mL，随即摇匀，并立即从Ⅰ号大试管取出反应液4 mL注入1号小试管，以后每隔4 min取出4 mL分别注入2、3、4、5号小试管，立即摇匀，然后放置令其显色10 min，进行目测比色。

将在37℃恒温水浴中平衡的小试管脲酶液，取出4 mL加在Ⅱ号大试管中，充分摇匀，并立即从Ⅱ号大试管中取出反应液4 mL注入1′号小试管，以后每隔4 min，抽出反应液4 mL分别注入2′、3′、4′、5′号小试管，立即摇匀，同样放置10 min，令其显色，进行目测比色(操作全过程如图14-1所示)。

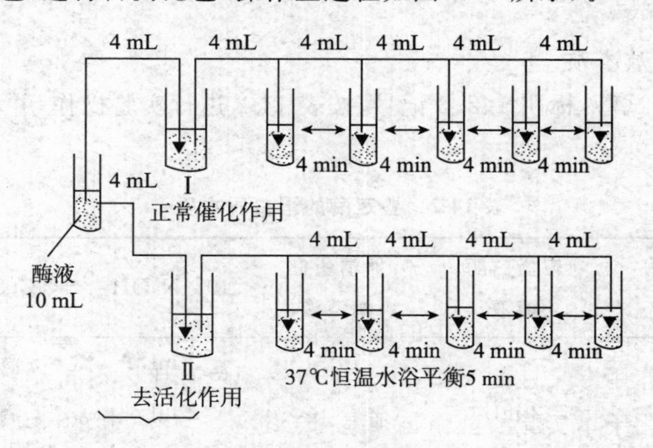

图14-1　酶的催化作用实验操作

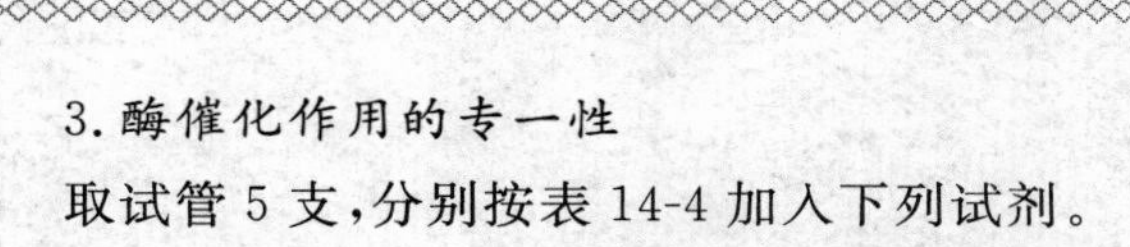

3.酶催化作用的专一性

取试管5支，分别按表14-4加入下列试剂。

表14-4 鉴定酶的专一性时各试剂用量

试剂	1	2	3	4	5
1%淀粉液/mL	2	0	0	0	2
2%蔗糖液/mL	0	2	2	2	0
蔗糖酶液	0	0	0	1	1
1∶10稀唾液	1	1	0	0	0
蒸馏水	0	0	1	0	0
各管分别充分混匀，置37℃恒温水浴中10 min					
班氏试剂	1	1	1	1	
置沸水浴中数分钟					
有无砖红色 Cu_2O 产生					

14.4 注意事项

(1)各酶液适时放冰箱保存，以防失活；稀释后的脲酶液应立即使用，否则活力丧失极大。

(2)吸取试剂的各移液管切勿混用。

14.5 作业与思考题

(1)什么叫双缩脲反应？写出反应式，为什么酶也具有双缩脲反应？

(2)正常催化作用5支小试管中的颜色是渐渐变深呢？还是渐渐变浅呢？为什么？

(3)去活化作用5支小试管中的颜色有无变化？为什么？

(4)酶催化作用专一性的实验，几支试管的颜色有什么不同？为什么？

(5)为什么用于本实验的蔗糖必须是分析纯？若用煮沸的稀唾液水解淀粉会产生什么现象？

实验15 琥珀酸脱氢酶的竞争性抑制实验

15.1 实验目的与原理

1. 目的

(1)掌握测定琥珀酸脱氢酶活性的简易方法及原理

(2)了解丙二酸对琥珀酸脱氢酶的竞争性抑制作用。

2. 原理

琥珀酸脱氢酶是三羧酸循环中一个重要的酶,它广泛存在于动物心肌、肝脏、骨骼肌等组织和植物及微生物中。测定组织细胞中有无琥珀酸脱氢酶活性,可以初步鉴定三羧酸循环途径是否存在。

琥珀酸脱氢酶能使琥珀酸脱氢生成延胡索酸,并将脱下的氢交给受氢体。用甲烯蓝作受氢体时,氧化型甲烯蓝(蓝色)被还原生成无色的还原型甲烯蓝(又叫甲烯白)。其反应式如下图所示:

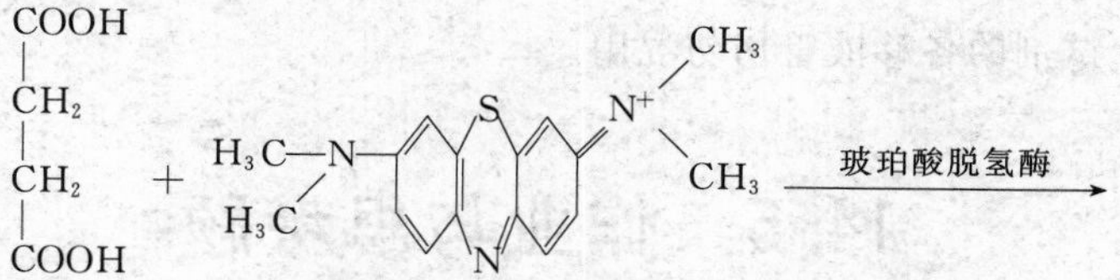

$COOH-CH_2-CH_2-COOH$ + $(H_3C)_2N$–[甲烯蓝环系, S, N]$=N^+(CH_3)_2$ —玻珀酸脱氢酶→

琥珀酸　　甲烯蓝(蓝色)

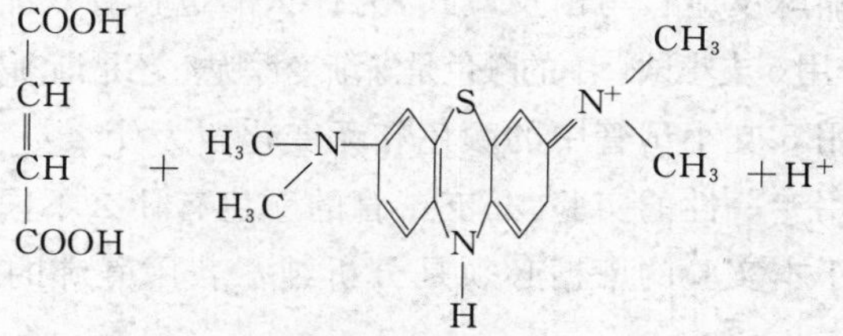

$COOH-CH=CH-COOH$ + $(H_3C)_2N$–[甲烯白环系, S, N–H]$=N^+(CH_3)_2$ $+H^+$

延胡索酸　　甲烯白(白色)

丙二酸与琥珀酸结构相似，是琥珀酸脱氢酶的竞争性抑制剂。琥珀酸脱氢酶活性越高，甲烯蓝脱色所需时间越短。因此，甲烯蓝脱色所需时间的倒数可用来表示琥珀酸脱氢酶的活性。

由于甲烯蓝容易被空气中的氧所氧化，所以实验需在无氧情况下进行。常用Thunberg(邓氏)管法，抽去空气进行。本实验采用简化法，用一般试管加液体石蜡封闭反应液，制造无氧环境，这样可不用抽真空设备。

15.2 实验用品

1. 材料

新鲜鸡心；鸡肝或发芽黄豆。

2. 器材

试管及试管架 ；解剖剪刀；滴管；组织捣碎机(或研钵)；恒温水浴锅。

3. 试剂

0.2 mol·L^{-1}磷酸缓冲液(pH 7.4)：取 0.2 mol·L^{-1} NaH_2PO_4 溶液 19 mL 和 0.2 mol·L^{-1} Na_2HPO_4 溶液 81 mL 混合而成；1.5%或 1/50 mol·L^{-1}琥珀酸钠溶液；1%丙二酸钠溶液；0.02%甲烯蓝溶液(即 1∶5 000)；液体石蜡；0.87% K_2HPO_4。

15.3 实验内容与操作

1. 方法一

酶液的制备：称取新鲜鸡心肝 20 g，剪碎，放入组织捣碎机玻璃杯中，加 100 mL在冰箱中保存的 0.1 mol·L^{-1} pH 7.4 磷酸缓冲液，开动组织捣碎机，约 3 min，搅成匀浆即酶液。

酶促反应：取试管 4 支，编号码 1、2、3、4，按表 15-1 加入各种试剂。

表 15-1 酶促反应

管号	酶液/滴	1.5%琥珀酸钠/滴	1%丙二酸/滴	水/滴	0.02%甲烯蓝/滴	结果
1	10	10	—	20	10	
2	10	10	10	10	10	
3	10(煮沸)	10	—	20	10	
4	—	10	10	20	10	

2. 方法二

酶液的提取：称取黄豆芽(子叶部分)3 g 于研钵内，加石英砂少许，2 mL 0.87% K_2HPO_4溶液共同研磨至浆状，然后再加 10 mL K_2HPO_4 溶液，混匀，静置 30 min 后过滤，弃去残渣，滤液即为酶液。

测定：严格按表 15-2 顺序配制各管。

表 15-2 脱氢酶相对活力测定

管号	琥珀酸钠/mL	pH6.0 磷酸缓冲液/mL	丙二酸/mL	酶液/mL	甲烯蓝/mL	各管立即摇匀，液体石蜡封口不能摇动，37℃水浴保温记时，观察三管颜色变化	记录完全褪色时间/min
1	2	2	0.5	4	1		
2	2	2.5	0	4	1		
3	2	2.5	0	4	1		
			煮沸并冷却				

3. 结果处理

根据 2 号管的褪色时间计算琥珀酸脱氢酶活力。

$$\text{脱氢酶相对活力}(\text{mg}\cdot\text{g}^{-1}\cdot\text{h}^{-1})=\frac{\dfrac{\text{甲烯蓝浓度}/(\text{mg}\cdot\text{mL}^{-1})\times\text{甲烯蓝用量}/\text{mL}}{\text{酶液用量}/\text{mL}}\times\text{酶液总量}/\text{mL}}{\text{植物材料重}/\text{g}\times\dfrac{\text{作用时间}/\text{min}}{60}}$$

15.4 注意事项

(1)第 3 管所加酶液需在沸水浴煮沸，以使酶完全失活。

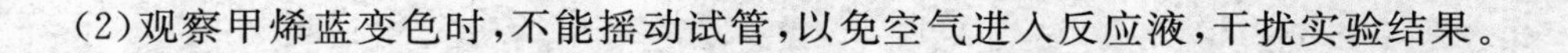

(2)观察甲烯蓝变色时,不能摇动试管,以免空气进入反应液,干扰实验结果。

15.5　作业与思考题

(1)丙二酸对琥珀酸脱氢酶是否有干扰？为什么？

(2)在本实验中为什么要加石蜡油？为什么将第2支试管摇动后又重现蓝色？

(3)若向第1支试管补加琥珀酸钠会发生什么现象？为什么？

(4)说明实验中各管的变色情况,并加以解释。

实验16 米氏常数（K_m）和最大反应速率（V_{max}）的测定

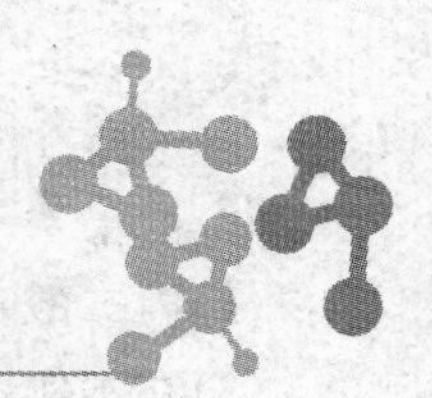

16.1 实验目的与原理

1. 目的

了解底物浓度对酶促反应速度的影响，掌握米氏常数（K_m）和最大反应速率（V_{max}）的测定原理和测定方法，熟练运用分光光度法测定酶的活性。

2. 原理

在温度、pH 及酶浓度恒定的条件下，底物浓度对酶的催化作用有很大的影响。当底物浓度较低时，酶促反应速度 v 随底物浓度[S]的增高而显著加快，随着底物浓度渐高，反应速度加快程度渐小，当底物浓度增加一定程度以上时，再增高底物浓度，反应速度亦不再增加，成为该条件下极限最大反应速度 V_{max}（图 16-1）。

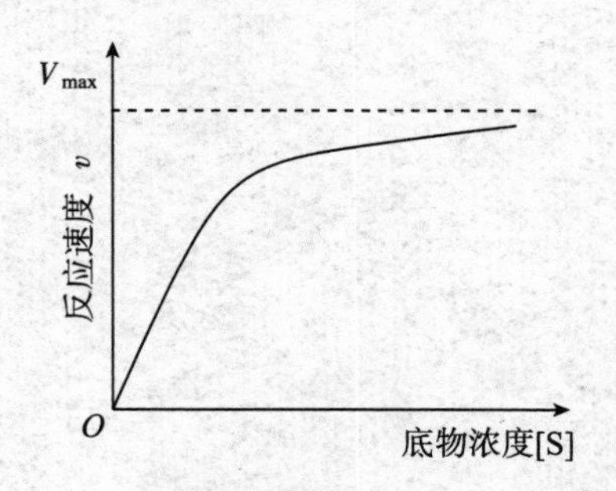

图 16-1 底物浓度对酶促反应速度的影响

底物浓度与反应速度的这种关系可用 Michaelis-Menten 方程式表示：

$$v=\frac{V_{max}[S]}{K_m+[S]}$$

式中：v 为反应速度；K_m 为米氏常数；V_{max} 为酶反应最大速度；[S]为底物浓度。

从米氏方程式可见：米氏常数 K_m 等于反应速度达到最大反应速度 1/2 时的底物浓度，米氏常数的单位就是浓度单位（$mol \cdot L^{-1}$ 或 $mmol \cdot L^{-1}$）。

在酶学分析中，K_m 是酶的一个基本特征常数，它包含着酶与底物结合和解离的性质。K_m 与底物浓度、酶浓度无关，与 pH、温度、离子强度等因素有关。对于每一个酶促反应，在一定条件下都有其特定的 K_m 值，因此可用于鉴别酶。

测定 K_m、V_{max}，一般用作图法求得。作图法有很多，最常用的是 Lineweaver-Burk 作图法，该法是根据米氏方程的倒数形式，以 $1/v$ 对 1/[S]作图（图 16-2），可得到一条直线。直线在横轴上的截距为 $-1/K_m$，纵截距为 $1/V_{max}$，可求出 K_m 与 V_{max}。

$$\frac{1}{v}=\frac{K_m}{V_{max}}\cdot\frac{1}{[S]}+\frac{1}{V_{max}}$$

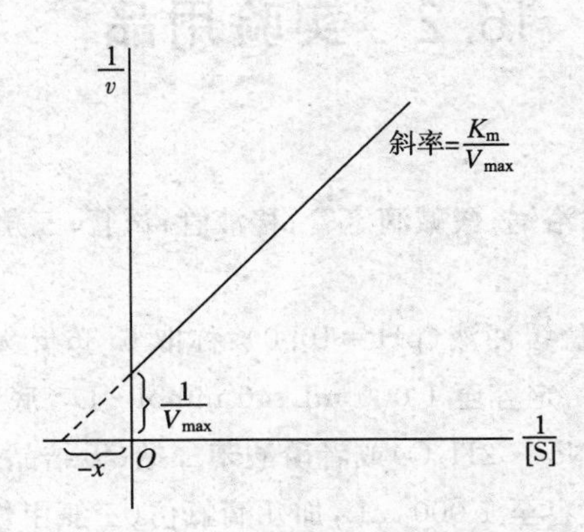

图 16-2　双倒数作图法

本实验以碱性磷酸酶为例。碱性磷酸酶（AKP）主要存在于骨、肝、肾及肠中。它的最适 pH 在 9～10。在碱性条件下使之作用于底物溶液中的磷酸苯二钠，生成酚和磷酸盐，酚在碱性溶液中与 4-氨基安替比林（APP）作用，经铁氰化钾氧化生成红色醌的衍生物，根据颜色深浅于 510 nm 波长处比色测定，测知酚的生成量，计算出酶的活性。其反应式如下：

$$C_6H_5{-}O{-}P(ONa)_2{-}O + H_2O \xrightarrow{AKP,pH=10} C_6H_5{-}OH + Na_2HPO_4$$

磷酸苯二钠　　　　酚　　磷酸氢二钠

$$\text{4-氨基安替比林} + C_6H_5{-}OH \xrightarrow{K_3Fe(CN)_6,\text{碱性}} \text{酚类衍生物（红色）}$$

4-氨基安替比林　　　酚　　　酚类衍生物（红色）

实验规定：37℃条件下，作用于底物磷酸苯二钠溶液 5 min 生成 1 mg 酚所需要的碱性磷酸酶量为一个酶活性单位。

16.2　实验用品

1. 器材

分光光度计；恒温水浴锅；酸碱滴定管；移液管；试管；三角瓶等。

2. 试剂

0.1 mol・L^{-1}磷酸盐缓冲液（pH＝10.0）：称取 6.36 g 无水碳酸钠和 3.36 g 碳酸氢钠，溶于蒸馏水中，定容至 1 000 mL；40 mmol・L^{-1}底物溶液：称取磷酸苯二钠 11.56 g（$C_6H_5PO_4Na_2 \cdot 2H_2O$）或者磷酸苯二钠（无结晶水）8.72 g，用煮沸后冷却的蒸馏水溶解，并定容至 1 000 mL，加几滴氯仿（三氯甲烷）防腐，贮于棕色瓶中，此液只能用一周，如放置过久可能导致空白管吸光度增高；酚标准溶液（0.1 mg・mL^{-1}）；酶液：称取 5.0 mg 碱性磷酸酶，用 Tris-醋酸缓冲液（pH 8.8）配成 100 mL，冰箱中保存；0.5 mol・L^{-1}氢氧化钠溶液；0.3% 4-氨基安替比林（APP）溶液：称取 0.3 g 4-氨基安替比林（APP）及 4.2 g 硫酸氢钠，用蒸馏水溶解定容至 100 mL，贮于棕色瓶中，冰箱保存；0.5% 铁氰化钾溶液：称取 0.5 g 铁氰化钾和 15 g 硼酸，各溶于 400 mL 蒸馏水中，溶解后两液混合，并以蒸馏水定容至 1 000 mL，贮棕色瓶中暗处保存。

16.3 实验内容与操作

1.酶促反应

取试管 8 支,按表 16-1 操作。

表 16-1 酶促反应的操作步骤

试剂/mL	1	2	3	4	5	6	空白	对照
40 $mmol \cdot L^{-1}$底物溶液	0.1	0.2	0.3	0.4	0.8	1.0	—	—
pH 10.0 磷酸盐缓冲液	0.9	0.9	0.9	0.9	0.9	0.9	0.9	0.9
蒸馏水	0.9	0.8	0.7	0.6	0.2	—	1.0	1.0
37℃水浴保温 5 min								
酚标准液(0.1 $mg \cdot mL^{-1}$)	—	—	—	—	—	—	—	0.1
酶液	0.1	0.1	0.1	0.1	0.1	0.1	0.1	
充分摇匀,37℃水浴精确保温 5 min								
0.5 $mol \cdot L^{-1}$氢氧化钠溶液	1.0	1.0	1.0	1.0	1.0	1.0	1.0	1.0
0.3% APP 溶液	1.0	1.0	1.0	1.0	1.0	1.0	1.0	1.0
0.5%铁氰化钾溶液	2.0	2.0	2.0	2.0	2.0	2.0	2.0	2.0
充分摇匀,室温放置 10 min								
$OD_{510\ nm}$								

2.结果处理

(1)计算各管底物浓度/($mmol \cdot L^{-1}$)=底物浓度×加入底物液量/酶反应总液量=40×加入底物液量/2.0=20×加入底物液量。

(2)计算各管酶活性单位代表反应速度(v)。

(3)各管酶活性单位=样品 $OD_{510\ nm}$/对照 $OD_{510\ nm}$×0.01。

计算各管 $1/v$ 和 $1/[S]$。

作图:以 $1/[S]$为横坐标,$1/v$ 为纵坐标,在坐标纸上准确画出各管坐标点,连接各点画出直线,向左延长此线与横坐标轴相交于$-1/K_m$ 点,由此计算出该酶的 K_m、V_{max}值。

16.4 注意事项

(1)实验操作过程中吸量应准确,反应时间应严格控制。

(2)酶和底物应预先分别保温数分钟。

16.5 作业与思考题

(1)K_m 值的物理意义是什么?

(2)为什么要用酶促反应的初速度计算 K_m 值?

实验17 植物过氧化物同工酶的电泳分离

17.1 实验目的与原理

1. 目的

掌握聚丙烯酰胺凝胶电泳原理，了解聚丙烯酰胺凝胶的制作过程，掌握过氧化物酶同工酶电泳操作技术。

2. 原理

(1)聚丙烯酰胺凝胶的形成、结构及特性：聚丙烯酰胺凝胶电泳是以聚丙烯酰胺凝胶作为载体的一种区带电泳。这种凝胶是以丙烯酰胺单体(Acrylamide，简写为 Acr)和交联剂 N，N′-甲叉双丙烯酰胺(N，N′- Methylena Bisacrylamide，简写为 Bis)在催化剂的作用下聚合而成的。Acr 和 Bis 在它们单独存在或混合在一起时是稳定的，但在具有自由基团体系时聚合。引发产生自由基团的方法有两种，即化学法和光化学法。化学法中引发剂是过硫酸铵$(NH_4)_2S_2O_3$(Ammonium persulfate，简写为 Ap)，在四甲基乙二胺(TEMED)的催化下，Ap 产生大量的自由基，引发 Acr 与 Bis 也形成自由基，这些自由基之间进行反应而聚合成凝胶。光化学法中以核黄素(即 VB_2)作为引发剂，在痕量氧存在下，核黄素经光解形成无色基，无色基被氧再氧化成自由基，从而引起聚合作用。

聚丙烯酰胺凝胶是具有立体(三维)网状结构的大分子。在 Acr 与 Bis 的相对含量固定时，形成的凝胶网孔大小一定。凝胶的总浓度(T)和交联度(C)可由下列式子计算：

$$T=\frac{a+b}{V}\times 100\%$$

$$C=\frac{b}{a+b}\times 100\%$$

式中：a 为 Acr 的质量(g)；b 为 Bis 的质量(g)；V 为缓冲液的最终体积(mL)。

凝胶的总浓度愈大，网孔孔径相应变小，机械强度增强；当总浓度不变时，Bis 的浓度在 5% 时网孔径最小，高于或低于此值时，凝胶孔径都相对变大。一般情况下，大多生物蛋白用 7.5% 浓度的凝胶可得较满意的电泳结果，故称此浓度的凝胶为标准凝胶。常按样品的分子量大小来选择适宜的凝胶浓度。

聚丙烯酰胺凝胶为无色结晶，透明，有弹性和有一定的机械强度。化学性质相对稳定，对 pH（2.0～11.0）和温度变化表现稳定，几乎无吸附和电渗作用。样品不易扩散，用量少，灵敏度可达 10^{-6} g，分辨率高。制备凝胶的重复性好。测定结果便于观察、记录和保存。

(2)聚丙烯酰胺凝胶电泳原理：凝胶电泳具有一般电泳的电场效应，即在一定 pH 的溶液中，样品分子由于解离或吸附，使自身带一定的电量，在相同的电场强度作用下，不同的样品分子因带不同的电性和电量，电泳时具有不同的泳动速度，使最终的迁移距离不同而分离。凝胶电泳与其他电泳的重要区别是它除了有电场效应外，还具有分子筛效应，因凝胶是一种立体网状结构的物质，样品分子在通过凝胶网孔时受摩擦力等的作用，使体积小、形状为圆球形的样品分子受到的阻力小，移动较快，而体积大，形状不规则的样品分子受阻力大，移动较慢。

聚丙烯酰胺凝胶常分为两大类，一类是连续的凝胶，另一类为不连续的凝胶。前者凝胶系统中缓冲液的 pH、凝胶孔径是相同的，而后者电泳缓冲系统的离子强度、pH、凝胶浓度及电位梯度都不相同；前者电泳时只有电场和分子筛两种物理效应，而后者除此外还有样品的浓缩效应。不连续凝胶电泳由于有三种效应的作用，因而比连续凝胶电泳分离效果好，分辨率高。本实验采用不连续的凝胶电泳。

(3)过氧化物酶同工酶凝胶电泳：同工酶是指生物体中催化相同反应，而酶的结构、理化性质乃至免疫性质不同的一组酶。植物在发育过程中，所含同工酶的种类和比例都不相同，它们与植物的遗传、生长发育、代谢调节及抗性等都有一定关系在植物的种群、发育及杂交遗传的研究中有重要的意义。凝胶电泳可利用同工酶结构上的差异而将之分离。

过氧化物酶是植物体内普遍存在的、活性较高的氧化酶，它与呼吸作用、光合作用及生长素的氧化等有关。在植物生长发育过程中它的活性不断发生变化，测定这种酶的活性或其同工酶，可以反映某一时期植物体内代谢的变化。本实验采用聚丙烯酰胺凝胶垂直板电泳技术，分离、鉴定豆芽过氧化物酶同工酶。根据酶的生物化学反应，通过染色方法显示出酶的不同区带。过氧化物酶能催化过氧化氢使联苯胺氧化成蓝色或棕色产物，据此即可将该酶在凝胶中显色定位。

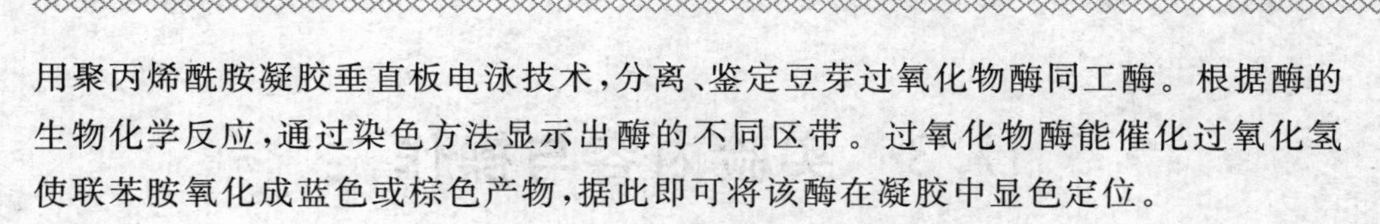

17.2 实验用品

1. 材料

土豆或豆芽。

2. 器材

垂直板电泳槽及附件(玻璃板、硅胶条、梳子、导线等)，稳压稳流直流电泳仪，台式高速离心机(10 000 r · min^{-1})，微量进样器(50 μL)，可调移液器，研钵，烧杯，容量瓶，量筒，广泛 pH 试纸，剪细滤纸条 1 杯，玻棒、大培养皿等。

3. 试剂

样品提取液(pH 7.4 PBS 缓冲液)：NaCl 8.5 g，Na_2HPO_4 2.2 g，NaH_2PO_4 0.2 g，溶于 1 000 mL 无离子水中，内含 0.06 mol · L^{-1} 抗坏血酸；凝胶贮液(30% Acr-0.8%Bis)：Acr 30.0 g，Bis 0.8 g，用无离子水溶解后定容至 100 mL，过滤除去不溶物，装入棕色试剂瓶，4 ℃保存。注意在通风柜中操作；分离胶缓冲液(Tris-HCl，pH 8.9)：取 48 mL 的 1 mol · L^{-1} HCl，Tris 36.0 g，用无离子水溶解后定容至 100 mL；浓缩胶缓冲液(Tris-HCl，pH 6.8)：取 48 mL 的 1 mo · L^{-1} HCl，Tris 6.0 g，用无离子水溶解后定容至 100 mL；10%过硫酸铵溶液(Ap)：10g 过硫酸铵溶于 100 mL 无离子水中；10×电极缓冲液(pH 8.3Tris-甘氨酸缓冲液)：Tris 6 g，甘氨酸 28.8 g，溶于无离子水后定容至 1 000 mL，用时稀释 10 倍；0.5%溴酚蓝溶液：0.5 g 溴酚蓝溶于 100 mL 无离子水中；染色液：抗坏血酸 70.4 mg，联苯胺溶液(2 g 联苯胺溶于 18mL 温热冰醋酸中，再加入蒸馏水 72 mL)20 mL，0.6%过氧化氢 20 mL，蒸馏水 60 mL(当天配制)；7%乙酸；40%蔗糖。

17.3　实验内容与操作

1. 粗酶液的提取

称取土豆 2 g 或豆芽 4 g，放入研钵内，加提取液 1 mL，于冰水浴中研成匀浆，转移至离心管，在高速离心机上以 8 000 $r \cdot min^{-1}$ 离心 10 min，取上清液到另一离心管，以等量 40%蔗糖及 1/5 体积溴酚蓝指示剂混合，留作点样用。

2. 制胶

将两块玻璃板用去污剂洗净，再用蒸馏水冲洗，直立干燥（勿用手指接触玻璃板面，可用手夹住玻璃板的两旁操作），然后正确放入硅胶条中，夹在制胶架上（注意用力均衡以免夹碎玻璃板），灌制凝胶。分离胶和浓缩胶配制方法见表 17-1。

表 17-1　分离胶和浓缩胶的配制

试剂	8%分离胶(20 mL)	4%浓缩胶(10 mL)
凝胶贮液(30%Acr-0.8%Bis)/mL	5.2	1.3
分离胶缓冲液(Tris-HCl,pH8.9)/mL	12.7	—
浓缩胶缓冲液(Tris-HCl,pH6.8)/mL	—	1.3
蒸馏水/mL	1.6	6.4
10%过硫酸铵溶液(Ap)/mL	0.5	1.0
TEMED 原液/μL	35	10

将上述分离胶溶液充分混匀，立即全部倒入安装好的制胶玻板中，为使分离胶界面平整，可在倒入分离胶后在其表面沿高板缓慢均匀加入蒸馏水并将电泳槽轻轻敲击桌面。再静置 40 min 左右，让分离胶凝聚完全。

倒出分离胶上的蒸馏水，并用小滤纸条吸尽。将浓缩胶溶液充分混匀，倒于聚合完全的分离胶上，同时插入样品梳，在梳子齿端避免留下气泡。至浓缩胶聚合完全，小心取出样品梳。将凝胶板置于电泳槽中，将预冷的电泳缓冲液加入内外电泳槽中，确保凝胶的上部和底部都浸在缓冲液中。

3. 点样

用 50 μL 的微量点样器吸取少量样品，每个点样槽 15～50 μL，将点样器的针头小心插入到点样孔底部，慢慢注入样品，要注意防止漂样。

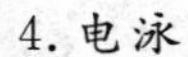

4.电泳

将电泳槽放入冰箱，接好电源线(前槽为负极)。打开电源开关，调节电流到20 mA左右，样品进入到分离胶后加大到30 mA，维持恒流。待指示染料下行到距胶板末端0.5 cm处，即可停止电泳。把调节旋钮调至零，关闭电源，电泳约3 h。

5.剥胶

取出电泳胶板平放于桌面上，从一角轻轻掀开玻璃，去掉浓缩胶，用刀片切去凝胶一角作为记号，用自来水将分离胶冲入大培养皿内。

6.染色、记录结果

倒去大培养皿中的自来水，加入联苯胺染色液，使淹没整个胶板，于室温下显色至出现过氧化物酶同工酶的红褐色酶谱。倒掉染色液，加入7%的乙酸溶液，于日光灯下观察记录酶谱，绘出酶谱模式图并拍照留存。

17.4　注意事项

(1)在玻璃板整个清洗过程中要轻拿轻放，以免弄碎。同时，清洗玻璃板不容许用强酸、强碱以及酒精溶液，一般用清水加一点洗涤剂进行清洗，然后用除离子水或蒸馏水润洗。

(2)丙烯酰胺、甲叉双丙烯酰胺、联苯胺等试剂有毒，操作时应避免接触皮肤，需戴乳胶手套或一次性手套操作。

(3)灌注胶液要一次性完成，应尽量避免带入气泡。

(4)酶液的提取、离心等操作需在低温下进行。

(5)电泳过程中温度最好控制在0～4℃，以保持酶的活性。

17.5　作业与思考题

(1)指出聚丙烯酰胺凝胶结构的主要特点和理化性质。

(2)电泳系统的不连续性表现在哪几个方面？存在哪几种物理效应？

(3)绘出酶谱模式图，并计算各同工酶的迁移率。

(4)结合本实验结果，说明该植物材料过氧化物同工酶的分布特点。

实验18

脂肪酸的β-氧化

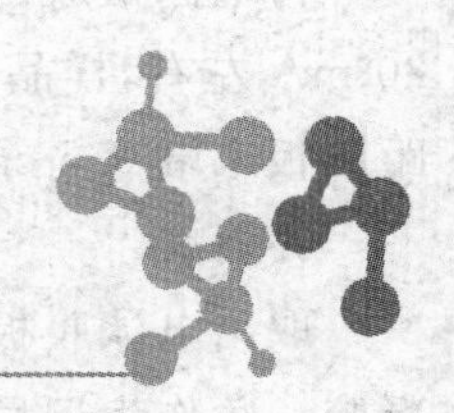

18.1 实验目的与原理

1. 目的

了解脂肪酸β-氧化作用及滴定方法。

2. 原理

在肝脏中，脂肪酸经β-氧化作用生成乙酰辅酶。两分子乙酰辅酶A缩合生成乙酰乙酸。乙酰乙酸可脱羧生成丙酮，也可还原生成β-羟丁酸。乙酰乙酸、β-羟丁酸和丙酮总称为酮体，其为机体代谢的中间产物，正常情况下，含量甚微。

本实验用新鲜肝糜与丁酸保温通过丙酮的形成，来了解β-氧化作用机制。生成的丙酮在碱性条件下，与碘生成碘仿。剩余的碘，可用标准的硫代硫酸钠滴定。反应式如下：

脂肪酸的β-氧化反应：

$$\underset{\text{丁酸}}{CH_3CH_2CH_2COOH} \xrightarrow{-2H} \underset{\text{丁烯酸}}{CH_3CH{=}CHCOOH} \xrightarrow{HOH} \underset{\beta\text{-羟丁酸}}{CH_3CHOHCH_2COOH} \underset{+2H}{\overset{-2H}{\rightleftarrows}} \underset{\text{乙酰乙酸}}{CH_3COCH_2COOH} \xrightarrow{HOH} \underset{\text{丙酮}}{CH_3COCH_3}$$

乙酰乙酸 → CH_3COOH（以乙酰辅酶A形式存在）→ 三羧酸循环 → CO_2+H_2O

生成的丙酮先与碘反应后再滴定剩余的碘来测定：

$$2NaOH + I_2 \rightarrow NaOI + NaI + H_2O$$

$$CH_3COCH_3 + 3NaOI \rightarrow CHI_3 + CH_3COONa + 2NaOH$$

$$NaOI + NaI + 2HCl \rightarrow I_2 + 2NaCl + H_2O$$

$$I_2 + 2Na_2S_2O_3 \rightarrow Na_2S_4O_6 + 2NaI$$

根据滴定样品与滴定对照所消耗的硫代硫酸钠溶液体积之差，可以计算由丁酸氧化生成丙酮的量。

18.2 实验用品

1. 材料

小白鼠肝脏。

2. 器材

50 mL 三角瓶；5 mL、2 mL 吸管；5 mL 微量滴定管；恒温水浴锅；漏斗；小台秤。

3. 试剂

0.5 mol·L^{-1}丁酸溶液：45 mL 正丁酸用 0.1 mol·L^{-1}氢氧化钠溶液调 pH 至 7.6，并稀释至 1 升；Locke 溶液：NaCl 0.9 g，KCl 0.042 g，$CaCl_2$ 0.024 g，$NaHCO_3$ 0.015 g 和葡萄糖 0.1 g 溶于水中后定容至 100 mL；1/15 mol·L^{-1}磷酸盐缓冲液(pH 7.6)：分别吸取 1/15 mol·L^{-1} Na_2HPO_4 86.8 mL 和 1/15 mol·L^{-1} NaH_2PO_4 13.2 mL 混合即可；0.1 mol·L^{-1}碘溶液：12.7 g 碘和 25 g 碘化钾，用水溶解后，定容至 1 L；10%盐酸：按 38%浓盐酸进行稀释；0.05 mol·L^{-1}硫代硫酸钠溶液：结晶硫代硫酸钠($Na_2S_2O_3 \cdot 5H_2O$)25 g 溶解在煮沸并冷却的蒸馏水中，加入 3.8 g 硼砂溶解后定容至 1 L；15%三氯乙酸溶液；10%氢氧化钠溶液；0.1%淀粉溶液。

18.3 实验内容与操作

(1)取刚杀死的小白鼠肝脏在冰浴上剪碎，称取 2 份各 5 g，置研钵中研成匀浆。

(2)取 50 mL 三角瓶 2 支,按下表配制。

瓶号	Locke/mL	磷酸缓冲液 pH7.6/mL	0.5 mol・L^{-1} 丁酸/mL	蒸馏水 /mL	肝糜/g
1	3	2	3	—	5
2	3	2	—	3	5

摇匀后放 37℃水浴中保温 3 h,取出三角瓶各加 2 mL15%三氯醋酸混匀,静置 15 min 后,分别过滤。

(3)另取 3 个三角瓶,按下表分别取上述滤液 5 mL,加入 3 与 4 号瓶,5 号瓶加水,并在各瓶中加入 0.1 mol・L^{-1} 碘溶液、10%氢氧化钠溶液各 5 mL,摇匀后静止 10 min 使碘仿反应完全,再加 10% HCl 5mL。然后加入淀粉指示剂 5 滴,摇匀,立即用 0.05 mol・L^{-1} $Na_2S_2O_3$ 滴定呈淡黄色。

瓶号	滤液/mL	0.1 mol・L^{-1} 碘液/mL	10%NaOH /mL	蒸馏水 /mL	10%HCl /mL	
3	5	5	5	—	5	静置 10 min
4	5	5	5	—	5	
5	—	5	5	5	5	

(4)计算。

1 mL 0.05 mol・L^{-1} $Na_2S_2O_3$ 溶液相当于 0.967 3 mg 丙酮,故样品中丙酮含量应为:

$$丙酮含量=\frac{(B-A)\times 0.967\ 3\ \text{mg}\times 提取液总量}{提取液用量}$$

式中:B 为滴定空白管所用硫代硫酸钠溶液毫升数;A 为滴定样品管所用硫代硫酸钠溶液毫升数。

3 号瓶求得的丙酮量减去 4 号瓶(对照)的丙酮量,即是由丁酸经过 β-氧化作用形成的丙酮量。

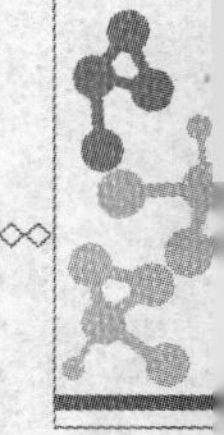

18.4　注意事项

(1)指示剂随加随滴，不要都加好后，再一一滴定。

(2)注意滴定的准确性。

18.5　作业与思考题

(1)为什么说做好本实验的关键是制备新鲜肝糜？

(2)写出氯仿与碘仿的结构式。

(3)为什么测定碘仿反应中剩余的碘可以计算出样品中丙酮的含量？

实验19

脂肪碘值的测定

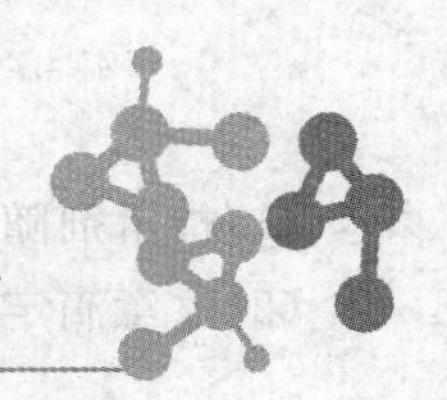

19.1 实验目的与原理

1. 目的

掌握氯化碘加成法(又称韦氏加成法)测量脂肪碘值的一般原理和操作方法;了解碘值测定的意义。

2. 原理

碘值是衡量脂肪(油脂)不饱和程度的量,即脂肪酸碳链上含有不饱和键的多少。卤素(Cl_2,Br_2,I_2)可与脂肪酸碳链上的不饱和键发生加成反应,不饱和键越多,加成的卤素量也越多。通常,将一定条件下每100 g脂肪所吸收碘的克数称为该脂肪的"碘值"。碘值越高,表明不饱和脂肪酸的含量越高,它是鉴定和鉴别油脂的一个重要参数。

脂肪(油脂)碘值的测定是将被测试样完全溶解于有机溶剂中,加入过量韦氏(Wijs)试剂反应一定时间后,加入定量碘化钾(KI)溶液,用硫代硫酸钠标准溶液滴定析出的碘,同时做空白试验。其反应过程可用如下化学式表示:

(1)加成反应

$$\cdots\!-\!CH\!=\!CH\cdots\!-\!+ICl \longrightarrow \cdots\!-\!\underset{\displaystyle I}{\underset{|}{CH}}\!-\!\!-\!\underset{\displaystyle Cl}{\underset{|}{CH}}$$

(2)碘的还原反应

$$KI+ICl \longrightarrow I_2+KCl$$

(3)滴定反应

$$I_2+2Na_2SO_2O_3 \longrightarrow 2NaI+Na_2S_4O_6$$

根据滴定消耗硫代硫酸钠标准溶液的量，通过以下公式可计算出脂肪（油脂）的碘值(W_1)：

$$W_1=\frac{12.69\times c\times (V_1-V_2)}{m}$$

式中：W_1 为试样的碘值，用每 100 g 样品吸收碘的克数表示，g · 100 g；c 为硫代硫酸钠标准溶液的浓度，mol · L^{-1}；V_1 为空白溶液消耗硫代硫酸钠标准溶液的体积，mL；V_2 为样品溶液消耗硫代硫酸钠标准溶液的体积，mL；m 为试样的质量，g。

19.2 实验用品

1. 材料

猪油或花生油。

2. 器材

碘量瓶或具塞锥形瓶（500 mL），移液管（20 mL、25 mL），碱式滴定管（50 mL），滴瓶（50 mL），棕色试剂瓶（1 000 mL），电子分析天平，普通电子天平（精确度 0.01 g）。

3. 试剂

试样溶剂：将环己烷与冰乙酸等体积混合；韦氏（Wijs）试剂：含氯化碘的乙酸溶液，控制韦氏（Wijs）试剂中 I/Cl 之比在 1.10±0.1 范围。将 16.5 g 氯化碘溶于 1 000 mL 冰乙酸中，转入棕色试剂瓶避光保存，备用；韦氏（Wijs）试剂常因冰乙酸中含有还原性物质而影响其使用效果，因此为保证实验准确性，可采用市售韦氏（Wijs）试剂；碘化钾（KI）溶液：100 g · L^{-1}，普通电子天平称取 20 g KI 溶解于80 g 蒸馏水中；淀粉溶液：取 5 g 可溶性淀粉于 30 mL 蒸馏水中混匀，加入 1 000 mL 沸水，并继续煮沸 3 min，冷却备用；硫代硫酸钠标准溶液：0.1 mol · L^{-1}，称取26 g硫代硫酸钠($Na_2S_2O_3\cdot 5H_2O$)或 16 g 无水硫代硫酸钠，加入 0.2 g 无水碳酸钠，溶于 1 000 mL 蒸馏水中，缓缓煮沸 10 min，冷却，放置 2 周后过滤；再根据 GBT 601—2002《化学试剂、标准滴定溶液的制备》采用重铬酸钾法标定，标定后 7 d 内使用。

19.3 实验内容与操作

(1)准确称取 0.15—0.20 g 试样(猪油或花生油)3 份,分别置于干燥恒重的碘量瓶内,向每份试样中加入 20 mL 溶剂,轻轻摇动使试样充分溶解。

(2)用移液管准确加入 25 mL 韦氏(Wijs)试剂,盖好塞子,轻轻摇匀后将碘量瓶置于暗处,反应 1 h。

(3)按照以上操作,仅不加试样,作空白溶液。

(4)反应结束后,向各碘量瓶中分别准确加入 20 mL 碘化钾溶液和 150 mL 蒸馏水,用标定过的硫代硫酸钠标准溶液滴定,至碘的黄色接近消失,再加入几滴淀粉溶液继续滴定,一边滴定一边快速、用力振荡碘量瓶,直到蓝色刚好消失,记录消耗的硫代硫酸钠标准溶液体积。

(5)按照以上操作,同时做空白溶液的滴定,记录消耗硫代硫酸钠标准溶液体积。

(6)根据公式计算 3 份试样的碘值,取其平均值即为测定结果,保留 1 位小数。

19.4 注意事项

(1)碘量瓶必须干燥、清洁并烘至恒重,否则影响实验结果准确性。

(2)称取样品时注意不要将试样粘在瓶口或瓶壁,要保证试样与溶剂充分接触,完全溶解。

(3)试样经溶解加入韦氏(Wijs)试剂后,对于碘值低于 150 的试样,碘量瓶应在暗处放置 1 h;碘值高于 150 的、已发生聚合的、含有共轭脂肪酸的(如桐油、脱水蓖麻油)、含有任何一种酮类脂肪酸(如不同程度的氢化蓖麻油)的,以及氧化到相当程度的试样,应置于暗处反应 2 h。

(4)滴定接近终点时,应特别注意快速、用力振荡碘量瓶,使滴定终点判断准确。

19.5 作业与思考题

(1)结合生活(健康)与生产,碘值测定有何意义?

(2)查阅相关资料,常见液体油和固体脂碘值有何特点?

(3)滴定过程中,淀粉溶液为何不能过早加入?

(4)滴定结束放置一定时间后,溶液应返回蓝色,否则表示滴定过量,为什么?

实验20 维生素A、维生素B_1和维生素B_2的定性实验

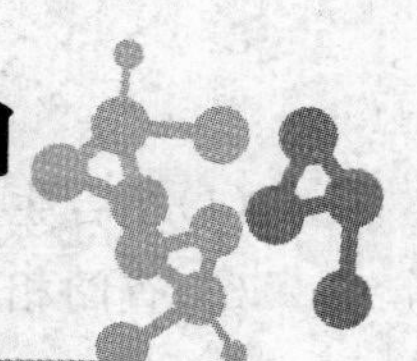

20.1 实验目的与原理

1. 目的

掌握鉴定维生素 A、维生素 B_1、维生素 B_2 的操作方法和技术，了解维生素 A、维生素 B_1、维生素 B_2 的作用原理及功能。

2. 原理

维生素是维持机体健康必需的一类低分子有机化合物，已知许多维生素参与辅酶的组成，在物质代谢中起重要作用。

维生素 A 主要来自动物性食品，以动物的肝脏、乳制品及鱼肝油中含量最多，属于脂溶性维生素，在氯仿溶液中可与三氯化锑生成不稳定的蓝色，称为 Carr-Price 反应。在一定的浓度范围内产生蓝色的深浅与维生素 A 的浓度成正比，此反应常用作维生素 A 的定性检验，也可做定量测定。

维生素 B_1，又称硫胺素，含有氨基嘧啶和噻唑的结构，能与重氮试剂中的对位氯化重氮苯磺酸作用生成红色的物质，加入少量甲醛可使红色稳定。反应式如下：

NH_2 CH_3 CH_2CH_2OH N CH_2 $\overset{+}{N}$ S H_3C N

嘧啶环　　噻唑环

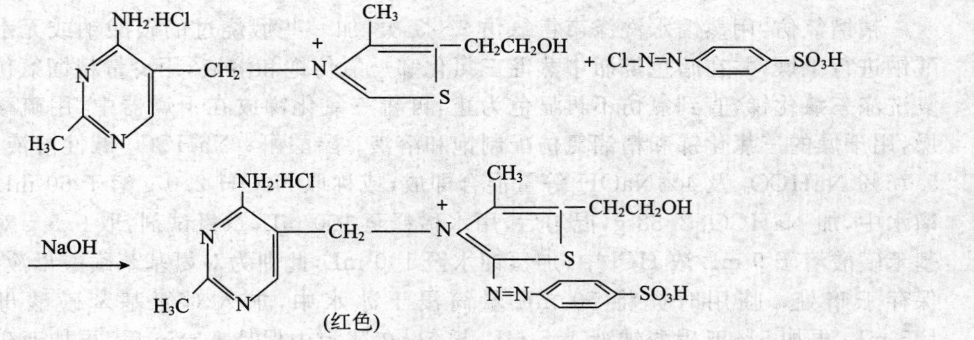

$$\text{硫胺素} + Cl-N{=}N-C_6H_4-SO_3H \xrightarrow{NaOH} \text{偶氮化合物（红色）}$$

本反应不很灵敏，特异性也低，但因操作简单、迅速，往往用来检查尿中的维生素B1。目前普遍使用灵敏性、特异性更高的荧光法：在碱性环境中，硫胺素经铁氰化钾定量地氧化成带有深蓝色荧光的硫色素，可用它测出 0.01 μg 硫胺素。

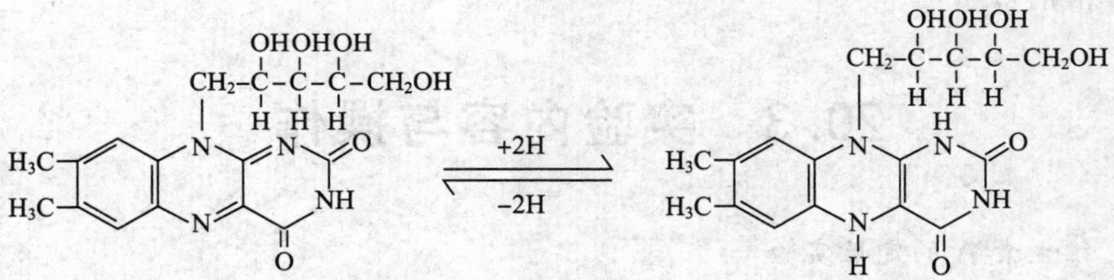

$$\text{核黄素} \underset{-2H}{\overset{+2H}{\rightleftharpoons}} \text{二氢核黄素}$$

核黄素（维生素 B_2）是一种异咯嗪衍生物，其水及酒精的中性溶液为黄色，并且有很强的荧光，这种荧光在强酸或强碱中易破坏。核黄素可被亚硫酸盐还原成无色的二氢化物，同时失去荧光，因而样品的荧光背景可以被测定。二氢化物在空气中易重新氧化，恢复其荧光，其反应如下：

核黄素的激发光波长范围为 440～500 nm（一般定为 460 nm），发射光波长范围为 510～550 nm（一般定为 520 nm）。利用核黄素在稀溶液中荧光的强度与核黄素的浓度成正比可进行定量分析。

20.2 实验用品

1. 材料

鱼肝油（市售）；植物油；米糠。

2. 器材

台秤，滤纸，漏斗，试管及试管架，滴管，移液管，量筒，UV 灯。

3. 试剂

精馏氯仿：用蒸馏水洗涤市售氯仿 2～3 次，加一些煅烧过的碳酸钠或无水硫酸钠进行干燥，并在暗色烧瓶中蒸馏三氯化锑－氯仿饱和溶液，用少量精馏氯仿反复洗涤三氯化锑，直到氯仿不再显色为止，再将三氯化锑放在干燥器中，用硫酸干燥，用干燥的三氯化锑和精馏氯仿配制饱和溶液；醋酸酐；$NaHCO_3$ 碱性溶液：将 5.76% $NaHCO_3$ 及 4%NaOH 等量混合即成，或称取 NaOH 2.0 g 溶于 60 mL 蒸馏水中，加 $NaHCO_3$ 2.88 g，混匀后，用水稀释至 100 mL；重氮试剂：取 0.5 g 对氨基苯磺酸溶于 9 mL 浓 HCl 中，加蒸馏水至 100 mL，此即为对氨基苯磺酸母液，应保存于暗处，临用时先将 50 mL 量筒浸于冰水中，加入对氨基苯磺酸母液 1.5 mL，再加 5%亚硝酸钠液 1.5 mL，摇匀，在冰水中保持 5 min 后，再加亚硝酸钠 6 mL，摇匀，再浸 5 min，然后加水至 50 mL 刻度，混匀之，仍留在冰水中备用，此液须在配成 15 min 后，才能使用，但不能超过 24 h；0.2%硫胺素溶液；1%铁氰化钾溶液；异丁醇；30% NaOH；核黄素溶液；2.5% $NaHSO_3$ 溶液(用 2% Na_2CO_3 溶液作溶剂)。

20.3 实验内容与操作

1. 维生素 A 的定性实验

取 2 支干燥洁净的试管，分别加入鱼肝油、植物油各 2 滴，再各加氯仿 0.5 mL 和醋酸酐 2 滴。摇匀后，再各逐滴加入三氯化锑-氯仿饱和溶液 1～2 mL 摇匀，注意观察两管溶液颜色变化。

取 1 支干燥洁净的试管，加蒸馏水 1 滴，然后加入三氯化锑－氯仿饱和溶液 1～2 mL 摇匀，再加入鱼肝油 2 滴，观察有无颜色反应。

2. 维生素 B_1 的定性实验

硫胺素的提取：取米糠 2 g 置试管中加入 10 mL 0.05 mol·L^{-1} H_2SO_4 溶液并用力震荡，放置 10 min 后，用滤纸过滤，滤液即为提取的硫胺素。

(1)重氮试剂法：取 2 支试管，按表 20-1 进行。

表 20-1　重氮试剂反应

管号	0.2%硫胺素/mL	滤液/mL	重氮试剂/mL	$NaHCO_3$ 碱性溶液/mL	摇匀静置	结果
1	1		1.5	1	5 min 观察结果	
2		1	1.5	1		

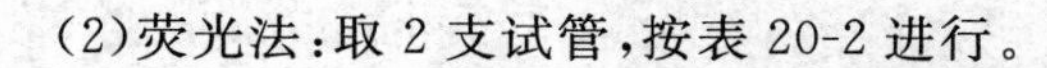

(2)荧光法:取 2 支试管,按表 20-2 进行。

表 20-2 荧光法定性测定维生素 B_1 mL

管号	0.2%硫胺素	滤液	$K_3Fe(CN)_6$	30% NaOH	异丁醇	待两相分开后观察颜色变化
1	1		2	1	2	
2		1	2	1	2	

3. 维生素 B_2 的定性实验

取 2 支试管,各加入 1 mL 核黄素溶液,观察黄绿色荧光。在一管中加入 5~10 滴 $NaHSO_3$ 溶液,比较两管的荧光,充分摇匀后在 UV 灯下比较两管荧光。

20.4 注意事项

(1)维生素 A 的定性实验中,加完试剂后,摇匀过程中就开始观察溶液颜色的变化,一般是先呈土红色再变为褐色,最后变成蓝色,且变化迅速。

(2)维生素 A 的定性实验中,为防止反应形成的蓝色过快褪色,可将三氯化锑-氯仿溶液在冰水中预冷。

(3)维生素 A 的定性实验中,所使用的试剂和器材必须绝对干燥,以免三氯化锑水解而影响实验效果。

(4)维生素 A 的定性实验中,凡接触过三氯化锑的玻璃器皿先用 10% 盐酸洗涤后,再用水冲洗。

(5)维生素 B_1 的定性实验中,重氮试剂稀释后 15 min 方能使用,24 h 内有效。

20.5 作业与思考题

(1)维生素 A 定性实验中所用的试剂、器材为什么必须绝对干燥?

(2)用目测结果颜色深浅,比较标准硫胺素与米糠中含维生素 B_1 的量。

(3) 维生素 B_1 在生物体代谢中的作用是什么?维生素 B_1 缺乏有何症状?

实验21

维生素A含量的测定

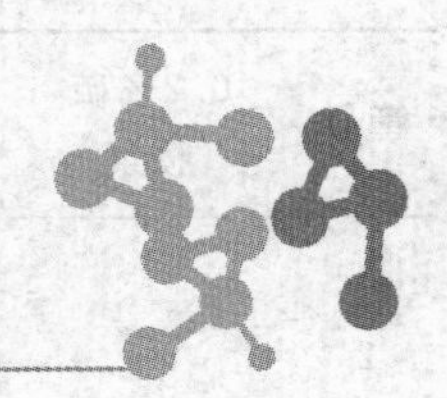

21.1 实验目的与原理

1.目的

掌握紫外分光光度法测定维生素 A 含量的基本原理及其应用。

2.原理

维生素 A 属脂溶性维生素，也称视黄醇，主要来源于动物性食物（蛋黄、肝脏、鱼肝油中最丰富）或在体内通过植物性食物（菠菜、番茄、胡萝卜等）的 β-胡萝卜素转化而来。缺少该种维生素可表现为夜盲症，眼球干燥，甚至会出现皮肤和一些器官的表皮角质化。

维生素 A 的结构是一个具有脂环的不饱和一元醇（图 21-1），分子式为 $C_{20}H_{30}O$。其性质不稳定，易氧化、遇光易分解。维生素 A 的异丙醇溶液在 325 nm 波长下具有最大吸收峰，吸光值与维生素 A 的含量成正比。因此，完全可通过紫外分光光度法进行维生素 A 含量的测定。该法灵敏度高，适用于含量低于 5 μg/g 样品的测定。但该方法会因为其脂溶性维生素的特性导致易受到其他化合物的干扰。因此，在使用该方法进行维生素 A 含量的测定前最好进行皂化，以去除脂肪，萃取不皂化部分至有机溶剂中，从而经紫外分光光度计测定其吸光度。

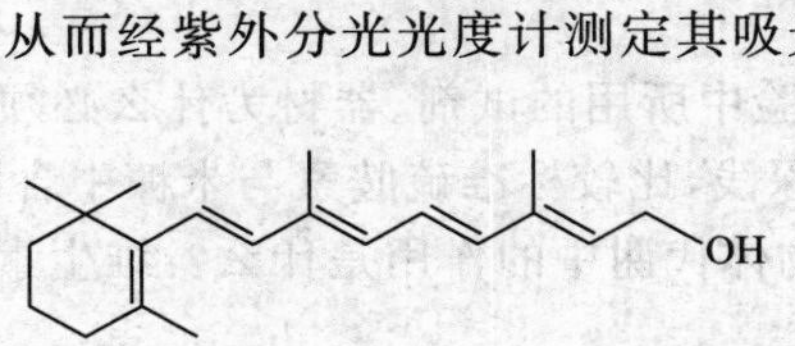

OH

图 21-1 维生素 A 化学结构

21.2 实验用品

1. 材料

酸奶，维生素 A 标准液。

2. 器材

棕色容量瓶，吸管，平底烧瓶，分液漏斗，紫外分光光度计，回流冷凝装置，旋转蒸发仪。

3. 试剂

无水乙醚(不含过氧化物。无水乙醚有无过氧化物的检测方法：取 5 mL 乙醚，加 1 mL 10%碘化钾溶液，振摇 1 min，如有过氧化物则放出游离碘，水层呈黄色，或加 4 滴 0.5%淀粉液，水层呈蓝色。该乙醚需处理后使用。去除过氧化物的方法：重蒸乙醚时，瓶中放入纯铁丝或铁末少许，弃去蒸馏前后流出的部分蒸馏液)；无水乙醇(不含醛类物质。醛类物质检测方法：取 2 mL 银氨溶液于试管中，加入 10% NaOH 溶液，加热，放置冷却后，若有银镜反应则表示乙醇中有醛。脱醛方法：取 2 g $AgNO_3$溶液于少量水中，取 4 g 氢氧化钠溶于温乙醇中，将两者倒入 1 L 乙醇中，振摇后，放置暗处两天，过滤后置蒸馏瓶中蒸馏，弃去初蒸出的 50 mL 蒸馏液。当乙醇中含醛较多时，硝酸银用量适当增加)；无水硫酸钠(A. R.)；异丙醇(A. R.)；50%氢氧化钾溶液：1∶1 (A. R.)；维生素 A 标准存液(1 000 $IU \cdot mL^{-1}$)：精确称取醋酸维生素 A 标准样品 0.100 0 g 于 100 mL 棕色容量瓶中，加异丙醇溶解并定容至刻度线，待用；维生素 A 标准使用液 1 000 $IU \cdot mL^{-1}$：精确移取 1.0 mL 上述溶液于 100 mL 棕色容量瓶中，用异丙醇定容至刻度线，待用。

21.3 实验内容与操作

1. 工作曲线的制备

分别移取 10 $IU \cdot mL^{-1}$维生素 A 标准使用液 1.0、2.0、3.0、4.0、5.0 mL于棕色容量瓶中，用异丙醇定容至刻度，摇匀，制备获得浓度分别为 1.0、2.0、3.0、4.0、5.0 $IU \cdot mL^{-1}$的维生素 A 标准使用液。以异丙醇为空白对照，于 325 nm 处

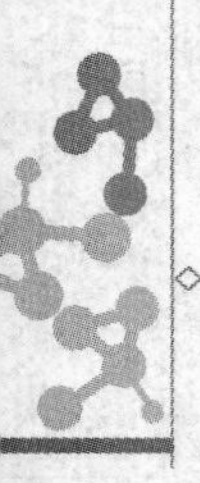

依次测定标准系列溶液的吸光度。

2. 样品处理

(1)皂化：称取搅拌均匀的酸奶 1.500 0 g 于平底烧瓶中，加入 10 mL 50%氢氧化钾溶液和 20 mL 无水乙醇，少许沸石，摇匀，在 85～90 ℃水浴条件下进行回流 60 min。

(2)提取：样品皂化完全后，用 10 mL 温水冲洗冷凝管，将皂化液转入 250 mL 分液漏斗中，每次用 30 mL 无水乙醚提取 3 次皂化液，将乙醚层合并，用温水洗涤乙醚层(每次 15 mL)至洗涤水呈中性，弃去水层。

(3)乙醚提取液经置有少量无水硫酸钠的小漏斗过滤入平底烧瓶，用 20 mL 乙醚分 2 次洗涤分液漏斗，洗涤液同样经置有无水硫酸钠的小漏斗合并至平底烧瓶。

(4)挥发除去溶剂：将平底烧瓶置于水浴，旋转蒸发并回收乙醚，待残留物剩 1 mL左右时，停止蒸馏。

(5)测定：在残留物中加入异丙醇使之溶解，并转移至 10 mL 棕色容量瓶中，定容至刻度，待测。以 1.5 mL 蒸馏水代替样品作为样品空白液，其余同工作曲线的制备操作相同，得到样品空白液为参照调零，于 325 nm 处测定样品液的吸光度。

21.4 注意事项

(1)维生素 A 极易被破坏，实验操作应在弱光下进行，或用棕色玻璃仪器。

(2)皂化过程中，应每隔 5 min 摇一下，使样品皂化完全。

(3)提取过程中，振摇不应太剧烈，避免发生乳化、不易分层。

(4)洗涤时，最初水洗轻摇，逐次振摇强度可增加。

(5)无水硫酸钠如有结块，应烘干后使用。

21.5 作业与思考题

(1)根据所制工作曲线计算所测酸奶维生素 A 含量($IU \cdot g^{-1}$)。

(2)试分析皂化对测定维生素 A 的影响。

实验22

维生素B_1含量的测定

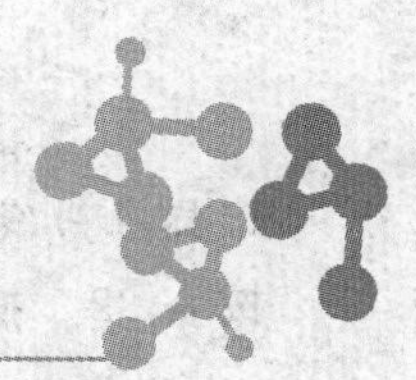

22.1 实验目的与原理

1. 目的

1. 掌握紫外分光光度法测定维生素 B_1 含量一般原理和操作方法；了解维生素 B_1 的性质。

2. 原理

维生素 B_1 又名硫胺素，广泛存在于植物种子皮、酵母和豆类中。主要由嘧啶环和噻唑环结合而成，在酸性环境中稳定，碱性环境中易氧化分解。因其结构含共轭双键，故具有紫外光吸收性质。在酸性条件下，吸收峰在 246 nm 附近，可用紫外分光光度法测定维生素 B_1 含量。本法操作简便、快速、准确。

22.2 实验用品

1. 材料

医用维生素 B_1 片。

2. 器材

电子天平，紫外可见分光光度计，研钵，试管，漏斗，滤纸。

3. 试剂

盐酸：稀释成 5%；1 $mg \cdot L^{-1}$ 标准维生素 B_1：精确称取 0.1 g 分析纯维生素 B_1 置于 100 mL 容量瓶中，加入 5%稀盐酸 70 mL 震荡 5 min，使其溶解，再加 5%稀盐酸至刻度，置于棕色瓶中保存备用。

22.3 实验内容与操作

1. 标准曲线的制作

按表 22-1 操作，测出各管光密度值，以维生素 B_1 含量为横坐标，光密度为纵坐标，绘制标准曲线。

表 22-1 维生素 B_1 标准曲线的制作 mL

管号	标准维生素 B_1	5%盐酸	维生素 B_1 浓度/($\mu g \cdot L^{-1}$)	光密度(OD_{246})
1	0	40	0	
2	1.0	39	25	
3	2.0	38	50	
4	3.0	37	75	
5	4.0	36	100	
6	5.0	35	125	

2. 样品处理

取样品医用维生素 B_1 一片（约相当于 1 mg 维生素 B_1）于研钵内研碎，加 50 mL 5%盐酸完全溶解，滤纸过滤，取滤液 1 mL 置于 50 mL 容量瓶中，定容到刻度，此为待测样品液。

3. 样品测定

按表 22-2 操作，测出各管光密度值，从标准曲线上查出相应的维生素 B_1 含量。

表 22-2 维生素 B_1 样品的测定 mL

管号	待测样品液	5%盐酸	光密度(OD_{246})	维生素 B_1 浓度/$\mu g \cdot L^{-1}$
0	0	10		
1	1	9		
2	1	9		
3	1	9		

4. 维生素 B_1 含量计算

$$\text{维生素 } B_1 \text{ 含量} = \frac{\text{测定的维生素 } B_1 \text{ 浓度}/\mu g \cdot L^{-1}\ 50 \times 50 \times 10}{\text{样品重量}/g} \times 100\%$$

22.4　注意事项

(1)操作过程中,称量、定容要准确。

(2)维生素 B_1 含量计算时单位要一致。

(3)平行试验的误差不得高于 1%,取算术平均值为测量结果。

22.5　作业与思考题

(1)维生素 B_1 活性形式是什么?有什么生理功能?其主要缺乏症是什么?

(2)测定过程中设平行管的目的是什么?

(3)测定维生素 B_1 的方法还有很多,你知道的有哪些?

实验23

糖酵解中间产物的鉴定

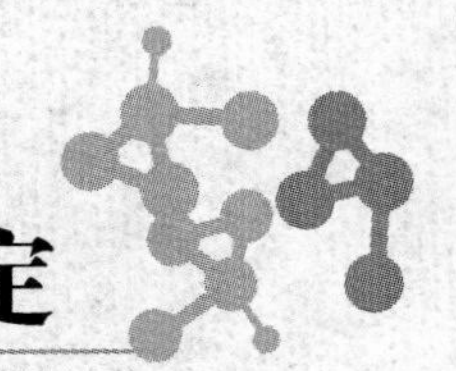

23.1 实验目的与原理

1. 目的

了解糖酵解过程的某一中间步骤，学习利用抑制剂来研究中间代谢的方法。

2. 原理

利用碘乙酸对糖酵解过程中3-磷酸甘油醛脱氢酶的抑制作用，使3-磷酸甘油醛不再向前变化而积累。硫酸肼作为稳定剂，可保护3-磷酸甘油醛使不自发分解。然后用2,4-二硝基苯肼与3-磷酸甘油醛在碱性条件下形成2,4-二硝基苯肼-丙糖的棕色复合物，其棕色程度与3-磷酸甘油醛含量成正比。

23.2 实验用品

1. 材料

酵母。

2. 器材

恒温水浴锅，1.5 cm×15 cm试管，1 mL、2 mL、10 mL移液管，50 mL烧杯。

3. 试剂

2,4-二硝基苯肼：称取0.1 g 2,4-二硝基苯肼溶于100 mL 2 $mol \cdot L^{-1}$盐酸溶液中，过滤，贮于棕色瓶备用；0.56 $mol \cdot L^{-1}$硫酸肼溶液：称取7.28 g硫酸肼溶于50 mL水中，这时不易全部溶解，当加入1 $mol \cdot L^{-1}$ NaOH使pH达7.4时则完全溶解，然后用水稀释至100 mL；5%葡萄糖溶液；10%三氯醋酸：将10 g三氯醋

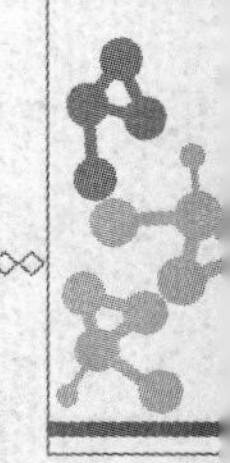

酸溶于 100 mL 蒸馏水中；0.75 $mol \cdot L^{-1}$ NaOH 溶液；0.002 $mol \cdot L^{-1}$ 碘乙酸：称 3.72 g 碘乙酸溶于 50 mL 水，用 1 $mol \cdot L^{-1}$ NaOH 调 pH 达 7.4，然后用水稀释至 100 mL。

23.3 实验内容与操作

(1)取 3 只小烧杯，分别加入新鲜酵母 0.3 g，并按表 23-1 分别加入各试剂，混匀。

(2)将各杯混合物分别倒入编号相同的发酵管内，放入 37℃保温 1.5 h，观察发酵管产生气泡的量有何不同。

表 23-1 观察发酵管产生气泡的各试剂用量 mL

杯号	5%葡萄糖	10%三氯醋酸	碘乙酸	硫酸肼	发酵时气泡多少
1	10	2	1	1	
2	10	—	1	1	
3	10	—	—	—	

(3)把发酵管中发酵液倾倒入编号相同小烧杯中，并在 2 和 3 号杯中按表 23-2 补加各试剂，摇匀放 10 min 后和第一只烧杯中内容物一起分别过滤，取滤液进行测定。

表 23-2 补加试剂用量 mL

杯号	10%三氯醋酸	碘乙酸	硫酸肼
2	2	—	—
3	2	1	1

(4)取 3 个试管，分别加入上述滤液 0.5 mL，并按表 23-3 加入试剂和处理。

表 23-3　酵解中间产物的鉴定　　mL

管号	滤液	0.75 mol·L^{-1} NaOH		2,4-二硝基苯肼		0.75 mol·L^{-1} NaOH
1	0.5	0.5	室温放置10 min	0.5	37℃水浴保温10 min	3.5
2	0.5	0.5		0.5		3.5
3	0.5	0.5		0.5		3.5

23.4　注意事项

在磷酸丙糖与 2,4-二硝基苯肼成腙反应前,溶液须先碱化并在室温放置 10 min,只有使磷酸丙糖中的磷酸基水解脱去,生成的颜色才比较稳定。

23.5　作业与思考题

(1)糖酵解的中间产物有哪些?此实验检查的是哪些?

(2)实验中哪一发酵管生成的气泡最多?哪一管最后生成的颜色反应最深?为什么?

实验24 末端氧化酶——多酚氧化酶的显现

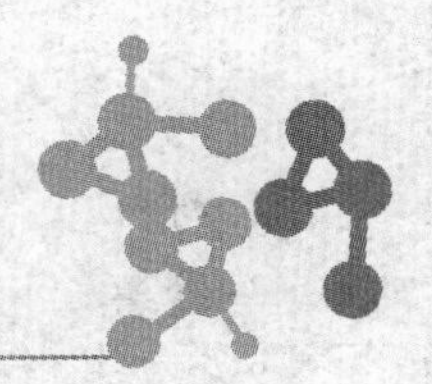

24.1 实验目的与原理

1. 目的

学习和了解末端氧化酶的作用及多酚氧化酶的特性，掌握测定末端氧化酶——多酚氧化酶活性的方法。

2. 原理

生物机体在生命活动中需要消耗能量，而其能量来源于体内糖、脂肪、蛋白质等有机物质的氧化作用。有机物质在生物机体的氧化作用称为生物氧化。末端氧化酶是处于生物氧化一系列反应的最末端，把电子传递给 O_2 的酶。多酚氧化酶、细胞色素氧化酶、抗坏血酸氧化酶等均属于末端氧化酶。

多酚氧化酶(Polyphenoloxidase，PPO)是一种含铜的末端氧化酶，在有氧条件下能使一元酚和二元酚氧化生成醌。很多植物受到机械损伤时在空气中会逐渐变成褐色，这是损伤时植物细胞破碎，原来彼此分开的多酚氧化酶和多酚类物质接触反应的结果。近几十年来，国内外对植物组织褐变的研究表明，组织的褐变主要是PPO作用于天然底物酚类物质所致。醌有颜色，在525 nm下有最大光吸收，通过分光光度法测定反应体系颜色变化可测定酶活性。

反应式如下：

$$\text{邻苯二酚(儿茶酚)} + 1/2\ O_2 \xrightarrow{\text{多酚氧化酶}} \text{邻醌} + H_2O$$

本实验是以土豆为材料进行的多酚氧化酶定性反应。通过实验可以观察到含多酚氧化酶的土豆提取液的颜色变化，即由淡粉红色逐渐变成棕红色，最终氧化成黑色。

24.2 实验用品

1. 材料

马铃薯

2. 器材

低温离心机，恒温水浴，722S分光光度计，研钵或组织匀浆机，漏斗，滤纸，移液管，小刀，纱布袋，量筒，试管。

3. 试剂

0.1 $mol \cdot L^{-1}$儿茶酚；0.1 $mol \cdot L^{-1}$ pH 7.2磷酸缓冲液；聚乙烯吡咯烷酮(PVP)。

24.3 实验内容与操作

(1)称取马铃薯1克于研钵中，加入5.0 mL pH 7.2磷酸缓冲液，少许PVP(事先用蒸馏水浸洗，然后过滤以除去杂质)，研磨匀浆，转移到离心管，再用0.1 $mol \cdot L^{-1}$ pH 7.2磷酸缓冲液5.0 mL冲洗研钵，摇匀，合并提取液。4℃ 5 000 $r \cdot min^{-1}$离心15 min，上清液即为粗制酶液。

(2) 取试管2支，按表24-1进行多酚氧化酶的鉴定。

表24-1 多酚氧化酶的鉴定

管号	酶提取液/mL	儿茶酚/滴		结果
1	2.5	5	二管充分摇匀后于37℃摇动、保温3 min，观察颜色变化	
2	2.5(煮沸5 min)	5		

(3)在试管中，加入0.1 $mol \cdot L^{-1}$ pH 7.2磷酸缓冲液2.5 mL，0.1 $mol \cdot L^{-1}$儿茶酚1.5 mL及1 mL粗酶液，空白调零以1 mL磷酸缓冲液代替粗酶液，如表24-2所示。

(4)吸光度测定　加入粗酶液后迅速混匀，立刻于525 nm下测定反应体系的A值，每隔30 s记录一次，共记录5次。选择A值变化均匀的3组数值求平均值。

表 24-2　多酚氧化酶的活性测定　　mL

管号	酶提取液	儿茶酚	磷酸缓冲液	结果
1(空白对照)	—	1.5	3.5	
2	1	1.5	2.5	

(5)计算酶活力。按下式计算：

$$\text{PPO 活性}=U\cdot \text{min}^{-1}\cdot \text{g}^{-1}\ \text{FW}$$

A 值增加 0.001 定义为一个酶活力单位。

24.4　注意事项

多酚氧化酶易失活，提取酶时宜在低温下进行。

24.5　作业与思考题

(1)比较并解释多酚氧化酶的鉴定实验中 2 支试管的颜色变化。

(2)什么是末端氧化酶？末端氧化酶在生物氧化过程中的作用是什么？

(3)试以研磨后的马铃薯颜色变化为例简述酶促褐变的机理。

实验 25 DEAE-纤维素薄板层析法分离鉴定核苷酸

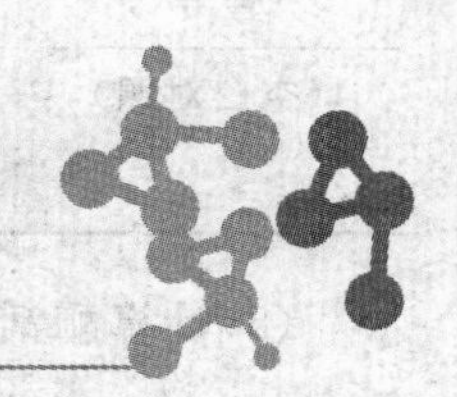

25.1 实验目的与原理

1. 目的

掌握 DEAE-纤维素薄板层析法测定核苷酸的原理和方法。

2. 原理

二乙氨基乙基纤维素，简称 DEAE-纤维素，结构式如下：

$$\begin{matrix} CH_3—CH_2 \\ \quad\quad\quad\quad \diagdown \\ \quad\quad\quad\quad\quad N—CH_2—CH_2—\text{纤维素} \\ \quad\quad\quad\quad \diagup \\ CH_3—CH_2 \end{matrix}$$

它是弱碱性阴离子交换剂，在 pH3.5 左右 $\gt N—$ 解离成 $\gt N^{Cl}_{H}—$ 季铵型。

带负电荷的核苷酸离子就被交换上去。控制溶液的 pH，使各种核苷酸所带净电荷不同，与 DEAE-纤维素的亲和力也就不同，从而达到分离的目的。

25.2 实验用品

1. 材料

核苷酸样品。

2. 器材

4 cm×15 cm 玻璃片；尼龙布；pH 试纸（pH 1°～14°）；电动搅拌器；水平板；水

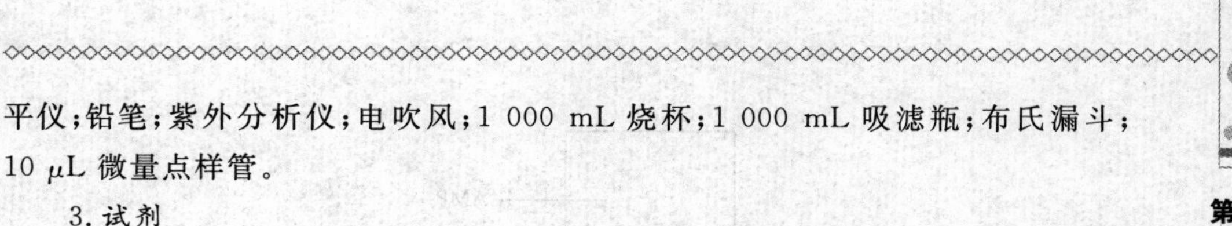

平仪；铅笔；紫外分析仪；电吹风；1 000 mL 烧杯；1 000 mL 吸滤瓶；布氏漏斗；10 μL 微量点样管。

3. 试剂

DEAE-纤维素；1 mol·L^{-1} NaOH 溶液；1 mol·L^{-1} HCl 溶液；0.05 mol·L^{-1} 柠檬-柠檬钠缓冲液(pH 3.5)：称取柠檬酸 12.20 g，柠檬酸钠 6.70 g，溶于蒸馏水，稀释至 2 000 mL。

25.3 实验内容与操作

1. DEAE-纤维素的处理

先用水洗，抽干后用 4 倍体积 1 mol·L^{-1} NaOH 溶液浸泡 4 h(或搅拌 2 h)，抽干，蒸馏水洗至中性，再用 4 倍体积 1 mol/L HCl 浸泡 2 h(或搅拌 1 h)抽干蒸馏水洗至 pH 4 备用。

2. 铺板

将处理过的 DEAE-纤维素放在烧杯里，加水调成稀糊状，搅匀后立即倒在干净玻璃板上，涂成均匀的薄层，放在水平板上，自然干燥或 60℃烘干，备用。

3. 点样

在已烘干的薄板一端 2 cm 处用铅笔轻划一基线，用微量点样管取样液10 μL，点在基线上，用冷风吹干。

4. 展层

在烧杯内置 pH 3.5 柠檬酸钠冲液(液体厚度约 1 cm)，把点过样的薄板倾斜插入此烧杯内(点样端在下)，溶剂由下而上流动。

5. 紫外检测

当溶剂前沿到达距离玻板上端约 1 cm 处(10 min 左右)取出薄板，用热风吹干，用 260 nm 紫外线照射 DEAE-纤维素层观看斑点(图 25-1)。DEAE-纤维素经处理可反复使用。此法具有快速、灵敏的特点。

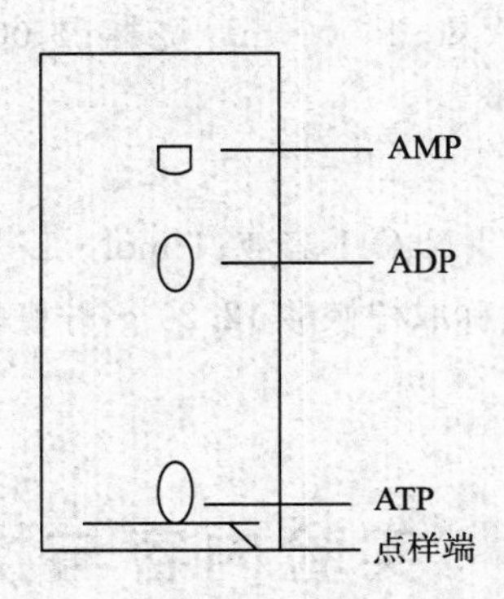

图 25-1 ATP、ADP 和 AMP 的 DEAE-纤维素薄板层析图谱

25.4 注意事项

(1)铺板时,DEAE-纤维素糊稀稠要适中,若铺厚板增加稠度,铺薄板则降低稠度。

(2)点样要迅速,否则薄板因吸收空气中的水分而影响分离效果。

25.5 作业与思考题

(1)AMP、ADP 和 ATP 三种核苷酸,哪种走在最前端?为什么?

(2)如何用薄层层析法对核苷酸进行定量分析?

(3)薄层层析与纸层析相比,其优劣在哪?

实验26 酵母RNA的提取、鉴定及含量测定

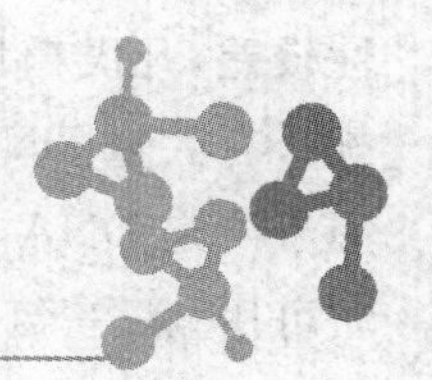

26.1 实验目的与原理

1. 目的

掌握提取粗RNA的操作方法及粗品中组分的鉴定方法，学会使用地衣酚法定性鉴定RNA和定量测定其含量。

2. 原理

一般的生物细胞中同时含有DNA和RNA，在酵母中RNA比DNA的含量高得多，DNA则少于2%(0.03%～0.516%)，故在实验室常用酵母作为RNA提取的材料。若要制备具有生物活性的RNA，常用苯酚法；若对生物活性没有要求，则可使用浓盐酸法，稀碱法等。本实验采用的稀碱，既可加速细胞的破裂，又可增大RNA的溶解度。当碱被中和后，可用乙醇将RNA沉淀，此为RNA粗品。

从化学组成来说，RNA由碱基、磷酸和戊糖组成。RNA与浓盐酸共热时发生降解，生成的核糖继而在浓酸中脱水环化成糠醛，后者与3,5-二羟基甲苯(地衣酚)反应呈绿色复合物。反应如下：

CHO–HCOH–HCOH–HCOH–CH_2OH (核糖) —浓酸, $-H_2O$→ 糖醛 (CHO) —3,5-二羟甲苯 (CH_3, HO, OH)→ 绿色化合物 (CH_3, O, H_3C, OH)

核糖　　糖醛　　绿色化合物

这种复合物在 670 nm 处有最大光吸收。当 RNA 浓度在 10～200 $\mu g \cdot mL^{-1}$ 范围内，其含量与吸光度成正比，可用比色法测定。地衣酚反应的灵敏度高但特异性较差，凡戊糖均有此反应，样品中有蛋白质、黏多糖或大量 DNA 时对测定有干扰。有大量 DNA 存在时，加入适量的 $CuCl_2 \cdot H_2O$ 可减小干扰。二苯胺试剂常用于测定 DNA 中的脱氧核糖，RNA 中的核糖一般不与二苯胺起反应。其中蛋白质可用 5％三氯乙酸沉淀后再测定。双缩脲反应是检验蛋白质常用的颜色反应，但若蛋白质含量很低时，此显色反应不易观察到。

26.2 实验用品

1. 材料

干酵母粉。

2. 器材

试管，移液管，玻棒，电炉，离心机，分析天平，可见分光光度计。

3. 试剂

地衣酚试剂：100 mg 地衣酚，溶于 100 mL 浓盐酸（AR）中，再加入 100 mg $FeCl_3 \cdot 6H_2O$（或等量 CuO）此液需临用前配制；0.2％和 10％ NaOH 及 10％ H_2SO_4；乙酸及无水乙醚；95％乙醇及无水乙醇；1％硫酸铜溶液；氨水；5％硝酸银溶液；15％二苯胺试剂：称取二苯胺 15 g，溶于 100 mL 高纯度的无水乙酸中，再加 1.5 mL 浓硫酸，混合后存于暗处；RNA 标准溶液：精确称取 100.0 mg 纯 RNA（酵母），用少量 0.2％ NaOH 溶解后，再加少量蒸馏水摇匀。滴加乙酸调至 pH 7.0，用蒸馏水定容至 1 000 mL，即得 100 $\mu g \cdot mL^{-1}$ 的 RNA 标准溶液（所用 RNA 最好与被测样同源，其准确含量可用定磷法确定）；RNA 样品待测液：按 RNA 标准溶液的溶解方法溶解，配成 50～200 $\mu g \cdot mL^{-1}$ 的样品液。

26.3 实验内容与操作

1. RNA 的提取

称取 1 g 干酵母粉于试管中，加 10 mL 0.2％ 的 NaOH，沸水浴中搅拌提取

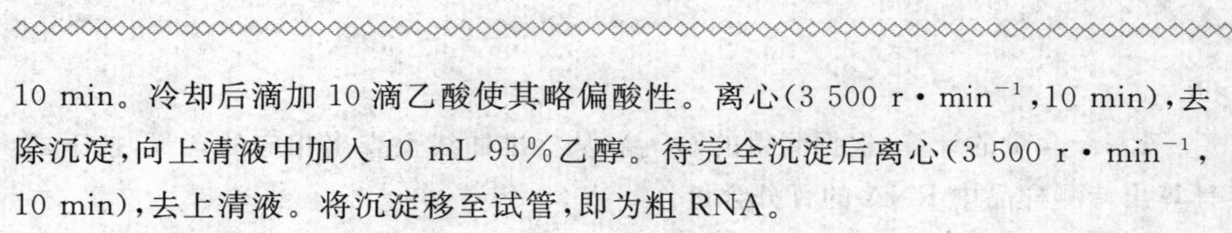

10 min。冷却后滴加 10 滴乙酸使其略偏酸性。离心（3 500 r·min^{-1}，10 min），去除沉淀，向上清液中加入 10 mL 95%乙醇。待完全沉淀后离心（3 500 r·min^{-1}，10 min），去上清液。将沉淀移至试管，即为粗 RNA。

2. 提取组分的鉴定

取沉淀加入 5 mL 10% H_2SO_4，沸水浴中水解 5 min，冷却。

（1）取水解液 0.5 mL，加入 1 mL 地衣酚试剂，沸水浴中加热 5 min，观察颜色变化。

（2）取水解液 2 mL，加氨水 2 mL 及 5%硝酸银 1 mL，摇匀，观察是否产生絮状嘌呤银化合物（若不出现，放置一会再观察）。

（3）取水解液 1 mL，加 10% NaOH 溶液 10 滴，摇匀后加 1%硫酸铜溶液 2 滴，静置一会观察有无紫色出现。

（4）取水解液 1 mL，加 2 mL 二苯胺试剂，摇匀，沸水浴中加热 10 min，观察颜色变化。

3. RNA 含量的测定

RNA 标准曲线的制作（表 26-1）：取试管编号，依次加入 0、0.4、0.8、1.2、1.6 和 2.0 mL RNA 标准溶液，各管用蒸馏水补足到 2.0 mL，再各加地衣酚试剂 2.0 mL，混匀后置沸水浴加热 20 min，立即取出自来水冷却，测 OD_{670}。以 RNA 含量（μg）为横坐标，OD_{670} 为纵坐标，绘制标准曲线。

表 26-1 RNA 标准曲线的制作 mL

试剂	试管号					
	1	2	3	4	5	6
RNA 标准溶液	0	0.4	0.8	1.2	1.6	2.0
蒸馏水	2.0	1.6	1.2	0.8	0.4	0
地衣酚试剂	2.0	2.0	2.0	2.0	2.0	2.0
	摇匀，沸水浴 20 min，流动水冷却					
OD_{670}						

待测样品中 RNA 的测定：取试管 2 支，各加 2.0 mL 待测液（内含 RNA 应在标准曲线的可测范围内）；另取试管 1 支，加 2.0 mL 蒸馏水作为空白管。再向各管加 2.0 mL 地衣酚试剂，摇匀。沸水浴加热 20 min，立即取出自来水冷却，测

OD_{670}。

RNA 含量的计算：根据测得的 OD_{670}，从标准曲线上查出相应的含量，按下式计算出待测样品中 RNA 的百分含量：

$$\text{RNA}=\frac{\text{待测液中测得的 RNA 质量}}{\text{待测液中样品的质量}}\times 10\ \times 100\%$$

26.4 注意事项

(1)沸水浴搅拌提取时应谨慎。

(2)离心前离心管应配平。

26.5 作业与思考题

(1)本实验采用的稀碱法为何提取的多是 RNA 而非 DNA？

(2)根据实验现象的观察，说明从酵母中提取的物质除主要为 RNA 外，包含哪些杂质？

(3)你能知道 CuO 或 $FeCl_3 \cdot 6H_2O$ 在地衣酚法测定 RNA 中的作用吗？

实验27 核酸含量的测定——定磷法

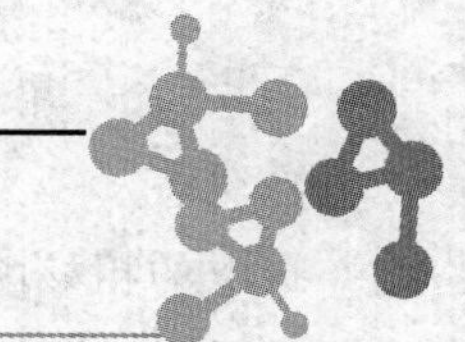

27.1 实验目的与原理

1. 目的

掌握定磷法测定核酸含量的一般原理和操作方法。

2. 原理

核酸含磷量较多，RNA 平均含磷量为 9.4%，DNA 平均含磷量为 9.9%。因此，实验室中可用定磷法进行核酸的定量分析。测定前，先将浓硫酸与核酸共热使其所含有机磷消化为无机磷，酸性条件下无机磷可与定磷试剂中的钼酸铵反应生成磷钼酸铵，再在还原剂维生素 C 作用下使其被还原成深蓝色的钼蓝，其最大光吸收在 660 nm 处。在一定的磷浓度范围内，钼蓝颜色的深浅与含磷量成正比。

化学反应方程式如下：

$$(NH_4)_2MoO_4 + H_2SO_4 \longrightarrow H_2MoO_4 + (NH_4)_2SO_4$$

$$H_3PO_4 + 12H_2MoO_4 \longrightarrow H_3P(Mo_3O_{10})_4 + 12H_2O$$

$$H_3P(Mo_3O_{10})_4 \xrightarrow{\text{维生素 C}} Mo_2O_3 \cdot MoO_3\text{（钼蓝）}$$

为消除核酸样品中无机磷对含量测定的影响，需同时测定样品中的总磷含量和无机磷含量（样品未经消化直接测出的含磷量），以总磷含量减去无机磷含量，就能得到样品中的有机磷含量，依此可换算出核酸含量。

27.2 实验用品

1. 材料

提取的粗核酸。

2. 器材

电子天平；恒温烘箱；干燥器；消化炉；分光光度计；恒温水浴锅；消化管；试管；烧杯；移液管；容量瓶(50 mL)；培养皿；称量瓶；瓷质研钵。

3. 试剂

以下试剂均用分析纯级，溶液均用重蒸水配制。

标准磷溶液：先将分析纯 KH_2PO_4 置于 105℃烘箱烘至恒重，然后置于干燥器内使温度降至室温，精确称取 0.219 5 g，用重蒸水定容到 50 mL(含磷量为 1 mg·mL^{-1})，此为原液，储存于冰箱。测定时再稀释 200 倍，使含磷量为 5 μg·mL^{-1}。

定磷试剂：6 mol·L^{-1} 硫酸(A)，2.5%钼酸铵溶液(B)，10%维生素 C 溶液(C)(棕色瓶 4℃可储存一个月，颜色应为淡黄色，若为深黄或棕色则不能使用)。临用前将 A、B、C 和重蒸水按 1∶1∶1∶2(体积分数)混匀即得，储存在棕色瓶里，当天使用。

催化剂：硫酸铜($CuSO_4.5H_2O$)∶硫酸钾(K_2SO_4)＝1∶4(质量分数)，研成细粉。

浓硫酸；30%过氧化氢。

27.3 实验内容与操作

1. 定磷标准曲线的制作

取 14 支洗净烘干的硬质玻璃试管，按表 27-1 用量分别加入标准磷溶液、重蒸水及定磷试剂，平行做两份。

表 27-1　定磷标准曲线制作

管号	0	1	2	3	4	5	6
标准磷溶液/mL	0	0.5	1.0	1.5	2.0	2.5	3.0
重蒸水/mL	3	2.5	2.0	1.5	1.0	0.5	0
含磷量/μg	0	2.5	5	7.5	10	12.5	15
定磷试剂/mL	3	3	3	3	3	3	3
A_{660}							

以上试剂加毕立即摇匀，于 45℃恒温水浴保温 20 min。取出冷至室温，以零号管调零点，于 660 nm 处测定吸光度。

以各管的含磷量(μg)为横坐标，A_{660}为纵坐标，制作定磷标准曲线。

2. 核酸中有机磷消化为无机磷

取 1 mL 待测样品液(含 2.5～5 mg 核酸)，或直接取固体样品于消化瓶中，加 1 mL 浓硫酸及 50 mg 催化剂，置于消化炉上加热至发白烟，样品由黑色变成淡黄色，取下消化瓶稍冷，加入几滴 30%过氧化氢溶液(勿沾于瓶壁)，继续加热，至溶液呈无色或淡蓝色停止。稍冷却，加 1 mL 水，沸水浴加热 10 min 使焦磷酸分解为磷酸。冷至室温后用重蒸馏水定容到 50 mL。同时做空白对照，空白瓶中不加样品，用等量重蒸水代替，操作同上。

3. 核酸中总磷含量的测定

取消化液 1 mL，加水 2 mL，定磷试剂 3 mL，摇匀，于 45℃保温 20 min，取出冷至室温，在波长 660 nm 处测定吸光度。

4. 核酸中无机磷含量的测定

取未消化的待测样品液 1 mL，用重蒸馏水定容到 50 mL。从中取 1 mL，加水 2 mL，定磷试剂 3 mL，摇匀，于 45℃保温 20 min，取出冷至室温，在波长 660 nm 处测定吸光度。

5. 样品中核酸含量的计算

样品中核酸含量=(有机磷量 μg×D)/(测定时取样量 mL×样品重量 μg×核酸中含磷量)×100%

式中：D 为稀释倍数；D=消化后定容体积(mL)/消化时取样体积(mL)；有机磷量(μg) = 总磷量 − 无机磷量。

27.4 注意事项

(1)定磷法既可以测定 DNA 的含量又可以测定 RNA 的含量,若 DNA 中混有 RNA 或 RNA 中混有 DNA,都会影响结果的准确性。

(2)钼蓝反应非常灵敏,所用器皿、试剂中所含微量的杂质磷、硅酸盐、铁离子等都会对实验结果产生影响。因此,所有试剂的配制都要使用重蒸馏水。实验器皿注意用去离子水洗三遍后再用重蒸馏水冲洗一次并烘干。

(3)消化有机磷时注意调节合适温度,使消化液保持微沸状态,以防爆沸和溅出。可在消化管口加置小漏斗以减少消化液的蒸发。

27.5 作业与思考题

(1)为什么实验用水、显色时酸的浓度和钼酸铵的质量对测定结果有较大影响?

(2)定磷法操作中有哪些关键环节?

实验28 动物组织中DNA的提取

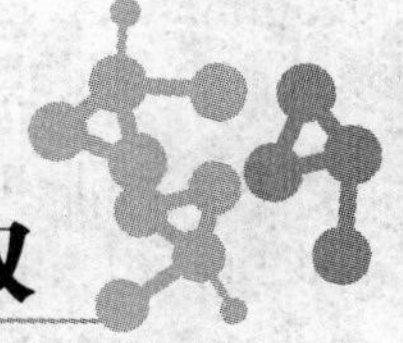

28.1 实验目的与原理

1. 目的

学习和掌握用浓盐法从动物组织中提取 DNA 的原理与技术，掌握生物大分子分离提纯的一般原理和方法。

2. 原理

核酸和蛋白质在生物体中以核蛋白的形成存在，细胞破碎后，脱氧核糖核蛋白与核糖核蛋白混杂在一起，所以要分离 DNA 首先要将这两种核蛋白分开。动植物的 DNA 核蛋白能溶于高浓度的盐溶液（如 1 $mol \cdot L^{-1}$ NaCl），但在 0.14 $mol \cdot L^{-1}$的盐溶液中溶解度很低，而 RNA 核蛋白则溶于 0.14 $mol \cdot L^{-1}$盐溶液。故可利用不同浓度的氯化钠溶液，将脱氧核糖核蛋白和核糖核蛋白从样品中分别抽提出来。

将抽提得到的脱氧核糖核蛋白用蛋白质变性剂如 SDS（十二烷基硫酸钠）处理，DNA 即与蛋白质分开，再用氯仿-异戊醇将蛋白质沉淀除去，而 DNA 则溶解于溶液中。向含有 DNA 的水相中加入冷乙醇，DNA 即呈纤维状沉淀出来。

本实验选用猪脾脏（或肝脏）为材料，用浓盐法提取 DNA。

28.2 实验用品

1. 材料

猪肝或小白鼠的肝脏。

2. 器材

分光光度计；匀浆器；50 mL、10 mL 量筒；离心机及离心管；试管及试管架；0.50 mL、1.0 mL、2.0 mL、5.0 mL 吸管。

3. 试剂

0.1 mol·L^{-1} NaCl-0.05 mol·L^{-1}柠檬酸钠溶液(pH 6.8)；0.015 mol·L^{-1} NaCl-0.001 5 mol·L^{-1}柠檬酸三钠溶液：氯化钠 0.828 g 及柠檬酸三钠0.341 g溶于蒸馏水，稀释至 1 000 mL；5%SDS 溶液：5 g SDS 溶于 100 mL 水中；V(氯仿)：V(异戊醇)混合液 20：1；95%乙醇(A. R.)；氯仿(A. R.)；NaCl 固体(A. R.)。

28.3 实验内容与操作

(1)称取新鲜猪肝 8 g，用预冷的 0.1 mol·L^{-1} NaCl-0.05 mol/L 柠檬酸钠缓冲液冲洗除去血污，在冰浴上剪成碎末，再用匀浆器磨碎(冰浴)，加入相当于2倍肝重的 0.1 mol·L^{-1} NaCl-0.05 mol·L^{-1}柠檬酸钠缓冲液，研磨三次，然后倒出匀浆物，匀浆物在 4 000 r·min^{-1}下离心 10 min；沉淀中再加入 25 mL 缓冲液，于 4 000 r·min^{-1}离心 20 min；取沉淀。

(2)在上述沉淀中加入 40 mL 0.1 mol·L^{-1} NaCl-0.05 mol·L^{-1}柠檬酸钠缓冲液、20 mL 氯仿-异戊醇混合液、4 mL 5%SDS 使其终浓度为 0.41%，振摇 30 min，然后缓慢加固体 NaCl，使其终浓度为 1 mol·L^{-1}(约 3.6 g)。继续搅拌，以确保 NaCl 全部溶解，此时可见溶液由黏稠变稀薄。将上述混合液在 3 500 r·min^{-1}离心 20 min，取上清水相。

(3)在上述水相溶液中加入等体积预冷 95%乙醇，边加边用玻璃棒慢慢搅动，此时玻璃棒搅动的目的在于把黏稠丝状物缠在玻璃棒上，直至再无黏稠丝状物出现为止。将缠绕在玻棒上的凝胶状物用滤纸吸去多余的乙醇，即得 DNA 粗品。

(4)提纯：将上述所得的 DNA 粗品置于 20 mL 0.015 mol·L^{-1} NaCl-0.001 5 mol·L^{-1}柠檬酸三钠溶液中，加入 1 倍体积的氯仿-异戊醇混合液，振摇 10 min，离心 (4 000 r·min^{-1}，10 min)，倾出上层液 (沉淀弃去)，加入 1.5 倍体积 95%乙醇，DNA 即沉淀析出。离心，弃去上清液，沉淀(粗 DNA)按本操作步骤重复一次。最后所得沉淀用无水乙醇洗涤 2 次，置真空干燥器内干燥，即得白色纤维状 DNA 钠盐。称取重量，计算产率。

28.4 注意事项

(1)整个提取过程应在较低温度下进行。

(2)防止过酸、过碱,避免剧烈搅拌及其他引起核酸降解因素的作用。

28.5 作业与思考题

(1)采用什么方法可以对 DNA 进行定性鉴定?

(2)在实验提纯前所进行的三个步骤操作中所得到的沉淀分别含何种成分?

(3)从动物组织提取 DNA,重要的是要防止核酸酶的作用,为此实验过程中采取了哪些措施?

实验29

DNA的琼脂糖凝胶电泳

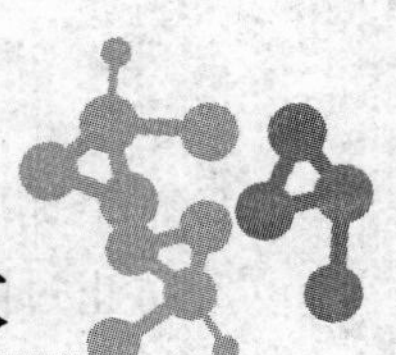

29.1 实验目的与原理

1. 目的

学习并掌握琼脂糖凝胶电泳的原理和基本操作，了解琼脂糖凝胶电泳是分离、分析 DNA 的重要方法。

2. 原理

琼脂糖凝胶电泳是分子生物学中最常用的分离、鉴定和纯化 DNA 的有效方法。用琼脂糖为电泳支持物进行平板电泳，操作简单，需样品量少，电泳速度快，电泳图谱清晰，分辨率高，重复性好，制成干膜可长期保存。

DNA 分子在琼脂糖凝胶中泳动时有电荷效应和分子筛效应，前者由分子所带电荷量的多少而定，后者则主要与分子大小及构象有关。DNA 分子在高于其等电点的 pH 溶液中带负电荷，在电场中向正极移动。由于糖-磷酸骨架在结构上的重复性质，相同数量的双链 DNA 几乎具有等量的净电荷，因此它们能以同样的速度向正极移动。

琼脂糖凝胶电泳对核酸的分离作用主要依据它们的相对分子质量及分子构型，同时与凝胶的浓度也有密切关系，此外还受到电流强度、缓冲液离子强度等的影响。

DNA 分子的大小：具有不同相对分子质量的 DNA 片段泳动速度不同，DNA 分子的迁移速度与其相对分子质量的对数成反比。但是当 DNA 分子大小超过 20 kb 时，普通琼脂糖凝胶就很难将它们分开。此时电泳的迁移率不再依赖于分子大小。

核酸构型：同样相对分子质量的 DNA，超螺旋共价闭环质粒 DNA(covalently

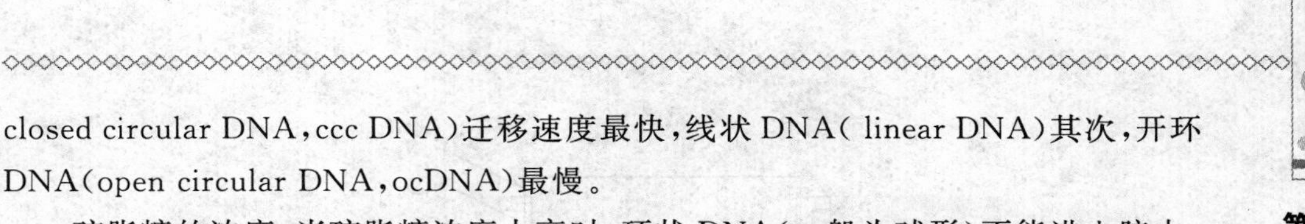

closed circular DNA，ccc DNA）迁移速度最快，线状 DNA（ linear DNA）其次，开环 DNA（open circular DNA，ocDNA）最慢。

琼脂糖的浓度：当琼脂糖浓度太高时，环状 DNA（一般为球形）不能进入胶中，相对迁移率为 0（$R_m=0$），而同等大小的直线双链 DNA（刚性棒状）则可以长轴方向前进（$R_m>0$）。不同大小的 DNA 需要用不同浓度的琼脂糖凝胶进行电泳分离。如表 29-1 所示。

表 29-1　不同浓度琼脂糖凝胶分离 DNA 分子的范围

琼脂糖浓度/%	0.3	0.6	0.7	0.9	1.2	1.5	2.0
线状 DNA 大小/kb	5～60	1～20	0.8～10	0.5～7	0.4～6	0.2～4	0.1～3

由于样品质粒 pBR322 DNA 为 4.3 kb，所以本实验选用 0.8%的琼脂糖凝胶。琼脂糖凝胶电泳所需 DNA 样品量仅为 0.5～1 μg，超薄型平板琼脂糖凝胶电泳所需 DNA 可少于 0.5 μg。质粒 DNA 在细胞内存在可以有三种形式：共价闭环、线状 DNA 和开环的双链环状 DNA。

观察琼脂糖凝胶中 DNA 的最简便方法是利用荧光染料溴化乙锭（ethidium bromide，简称 EB）染色，EB 在波长 254 nm 紫外光照射下，DNA 显橘红色荧光。当 DNA 样品在琼脂糖凝胶中电泳时，加入的 EB 就插入 DNA 分子中的碱基对之间，形成荧光结合物。而荧光的强度正比于 DNA 的含量，如将已知浓度的标准样品作电泳对照，可估计出待测样品的浓度。EB 染色具有以下特点：操作简便快速；灵敏度高；核酸不会断裂；用紫外吸收可随时跟踪检查。

29.2　实验用品

1. 材料

大肠杆菌 pBR322。

2. 器材

Eppendorf 管，Tip，锥形瓶，滴管，一次性手套，烧杯，量筒，移液器，微波炉，水平式电泳槽，紫外检测仪，稳压电泳仪，水平仪，摄影设备。

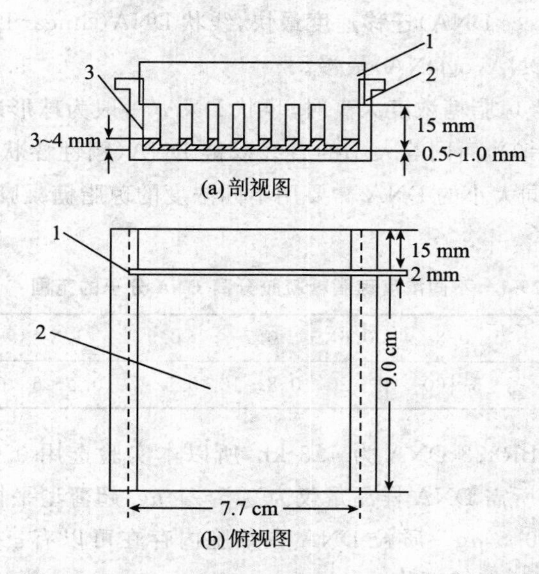

图 29-1　凝胶托盘和样品槽模板

1. 样品槽模板（梳子）　2. 凝胶托盘　3. 凝胶

3. 试剂

pH 8.0 TBE 缓冲液；5×TBE（5 倍体积的 TBE 贮存液）：每升含 Tris 54 g，硼酸 27.5 g，0.5 mol·L^{-1} EDTA 20 mL（pH 8.0）；凝胶加样缓冲液：0.2%溴酚蓝，50%蔗糖；称取溴酚蓝 200 mg，加重蒸水 10 mL，在室温下过夜，待溶解后再称取蔗糖 50 g，加重蒸水溶解后移入溴酚蓝溶液中，摇匀后加重蒸水定容至 100 mL，加 10 mol·L^{-1} NaOH 1～2 滴，调至蓝色；10 mg·mL^{-1}溴化乙锭（EB）溶液：戴手套谨慎称取溴化乙锭（相对分子质量 394.33）约 200 mg 于棕色试剂瓶内，按 10 mg·mL^{-1}的浓度加重蒸水配制，溶解后，瓶外面用锡纸包好，并贮于 4℃冰箱，备用；1 mg·mL^{-1}溴化乙锭（EB）溶液：戴手套取 10 mg·mL^{-1} EB 溶液 10 mL 于棕色试剂瓶内，外面用锡纸包好，加入 90 mL 重蒸水，轻轻摇匀，置 4℃冰箱备用；琼脂糖；DNA 相对分子质量标准品（marker）。

29.3 实验内容与操作

1. 琼脂糖凝胶的制备

称取 0.28 g 琼脂糖，放入锥形瓶中，加入 35 mL 1×TBE 缓冲液，用微波炉或水浴加热至完全溶化取出摇匀，琼脂糖的浓度为 0.8%。待琼脂糖凝胶溶液冷却至 50℃，再加入溴化乙锭，使其终浓度为 0.5 μg·mL^{-1}。

2. 凝胶板的制备

一般可选用微型水平式电泳槽（30～35 mL 胶），如图 29-1 所示。

用胶带将有机玻璃内槽的两端边缘封好，并置于一水平位置。

选择孔径适宜的梳子，垂直架在有机玻璃内槽的一端，使梳齿距玻璃板之间尚有 0.5～1.0 mm 的距离。

将冷到 50℃左右的琼脂糖凝胶，缓缓倒入有机玻璃内槽，厚度适宜（注意不要有气泡）。

待凝胶凝固后，小心取出梳子，并取下两端的胶带，放入电泳槽内。

加入足够的 TBE 电泳缓冲液，使液面略高出凝胶面。

3. 加样

待测 pBR322 质粒 DNA 中加 1/5 体积的溴酚蓝指示剂，混匀后用移液器将其加入加样孔（梳孔）。加样时，移液器针头穿过缓冲液小心插入加样槽底部，缓慢地将样品推进槽内，让其集中沉于槽底部。记录样品点样次序与点样量。

4. 电泳

接通电泳槽与电泳仪的电源（注意电极的负极在点样孔一边，DNA 片段从负极向正极移动），DNA 的迁移速度与电压成正比，最高电压不超过 5 V·cm^{-1}（微型电泳槽一般用 40 V）。

当溴酚蓝染料移动到距凝胶前沿 1～2 cm 处，停止电泳。

5. 观察

小心在紫外灯下观察凝胶，有 DNA 处应显出橘红色荧光条带（在紫外灯下观察时应戴上防护眼镜），记录电泳结果或直接拍照。

29.4 注意事项

(1)制备琼脂糖凝胶时,胶层内不要有气泡。

(2)溴化乙锭(EB)是较强的致突变剂,也是较强的致癌物,应戴手套谨慎称取,如有液体溅出外面,可加少量漂白粉,使EB分解。

29.5 作业与思考题

(1)本实验能否直接用蒸馏水配制一定浓度的琼脂糖凝胶?为什么?

(2)核酸的染色剂有多种,但EB染色具有很多特点。用EB对DNA染色一般有三种方法:a.在制胶中与电极缓冲液中同时加入EB;b.只在制胶中加入EB,而在电极缓冲液中不加EB;c.电泳结束后取出琼脂糖凝胶,放在含有EB的电泳缓冲液中染色。本实验用何种染色法?所用EB的浓度为多少?

第二部分　综合性实验

实验30 牛奶中酪蛋白的提取及测定

30.1 实验目的与原理

1. 目的

学习用等电点沉淀法从牛奶中制备酪蛋白的方法,加深对蛋白质等电点性质的理解;掌握 pH 沉淀反应测定蛋白质等电点的操作方法;学习双缩脲法定量测定蛋白质浓度的基本原理与技术。

2. 原理

蛋白质是两性电解质。蛋白质分子的解离状态和解离程度受溶液的酸碱度影响。当溶液的 pH 达到一定数值时,蛋白质颗粒上正负电荷的数目相等,在电场中,蛋白质既不向阴极移动,也不向阳极移动,此时溶液的 pH 称为此种蛋白质的等电点。不同蛋白质各有特异的等电点。在等电点时,蛋白质的理化性质都有变化,可利用此种性质的变化测定各种蛋白质的等电点,最常用的方法是测其溶解度最低时的溶液 pH。实验观察在不同 pH 溶液中的溶解度以判断酪蛋白的等电点。通过向不同 pH 的缓冲液中加入酪蛋白后,沉淀出现最多的缓冲液的 pH 即为酪蛋白的等电点。

蛋白质是一种稳定的亲水胶体,一方面由于在水溶液中蛋白质颗粒表面形成一个水化层;另一方面,蛋白质颗粒在非等电点状态时带相同电荷,颗粒之间相互排斥,不致互相凝集沉淀。但是调节蛋白质溶液的 pH 至等电点,此时若再加脱水剂或加热,蛋白质颗粒表面的电荷层和水化层被破坏,蛋白质分子就相互凝聚而析出。等电点沉淀法主要利用两性电解质分子在等电点时溶解度最低的原理,而多种两性电解质具有不同等电点而进行分离的一种方法。

牛奶是一种乳状液,主要由水、脂肪、蛋白质、乳糖和盐组成。酪蛋白是牛奶中

的主要蛋白质(含量约为 35 g・L^{-1}),是一种含磷蛋白质的复杂混合物,等电点 pI 约为 4.7。利用等电点时蛋白质溶解度最低的性质,将牛乳的 pH 调至 4.7 时,酪蛋白就沉淀出来。用乙醇洗涤沉淀,除去脂类杂质后便可得到较纯的酪蛋白。

但单独利用等电点沉淀法来分离生化产品效果并不太理想,因为即使在等电点时,有些两性物质仍有一定的溶解度,并不是所有的蛋白质在等电点时都能沉淀下来,特别是同一类两性物质的等电点十分接近时。生产中常与有机溶剂沉淀法、盐析法并用,这样沉淀的效果较好。

尿素加热,两分子尿素放出一分子氨而形成双缩脲($NH_2-CO-NH-CO-NH_2$)。双缩脲在碱性溶液中与 Cu^{2+} 结合生成紫色络合物,这一呈色反应称为双缩脲反应。蛋白质分子中的肽键类似双缩脲结构,故亦能呈双缩脲反应。反应如下:

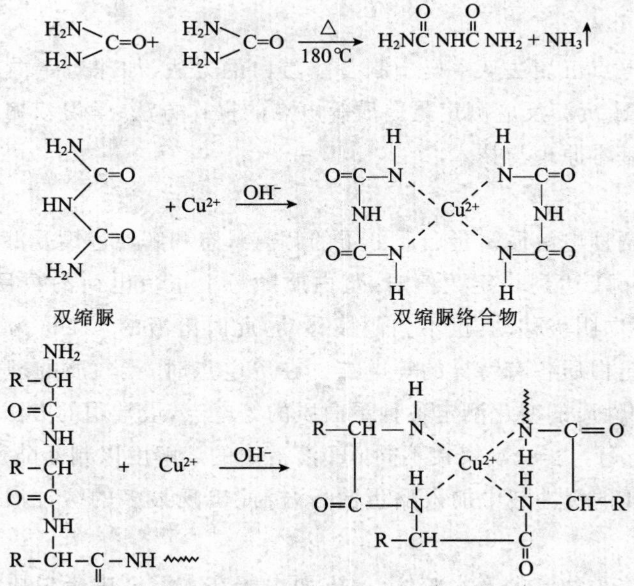

$$(H_2N)_2C{=}O + (H_2N)_2C{=}O \xrightarrow[180℃]{\triangle} H_2N\overset{O}{\overset{\|}{C}}NH\overset{O}{\overset{\|}{C}}NH_2 + NH_3\uparrow$$

$$\text{双缩脲} + Cu^{2+} \xrightarrow{OH^-} \text{双缩脲络合物}$$

双缩脲　　　　双缩脲络合物

$$\text{多肽链} + Cu^{2+} \xrightarrow{OH^-} \text{类双缩脲缩合物}$$

多肽链　　　　类双缩脲缩合物

在一定的浓度范围内,反应络合物颜色深浅与蛋白质含量呈线性关系。蛋白质浓度越高,体系的颜色越深。反应产物在 540 nm 处有最大光吸收。本实验通过绘制酪蛋白的标准曲线,可求得未知样品酪蛋白的浓度。

本法操作简便、迅速,蛋白质浓度与光密度的线性关系好,与蛋白质的分子质量及氨基酸成分无关,受蛋白质特异性影响较小,是蛋白质浓度分析的常用方法之

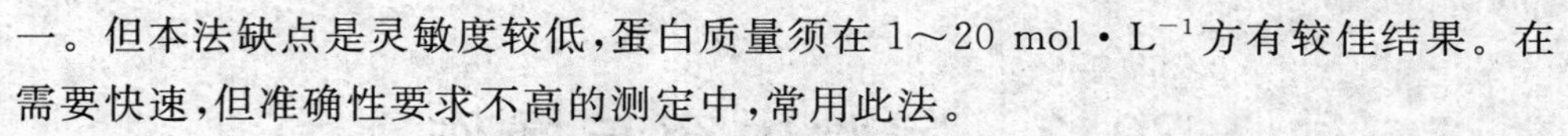

一。但本法缺点是灵敏度较低，蛋白质量须在1～20 mol·L^{-1}方有较佳结果。在需要快速，但准确性要求不高的测定中，常用此法。

本综合实验以牛奶为实验材料，综合了pH沉淀反应测定酪蛋白等电点，依据此等电点从牛奶中提取酪蛋白，并用双缩脲法测定所提取的酪蛋白浓度等系列操作。

30.2 实验用品

1. 材料

消毒牛奶。

2. 器材

离心机，722S型分光光度计，布氏漏斗，抽滤瓶，研钵，表面皿，量筒，刻度吸管，烧杯，试管及试管架，滴管。

3. 试剂

0.01 mol·L^{-1}醋酸；0.1 mol·L^{-1}醋酸；1.0 mol·L^{-1}醋酸；0.5%酪蛋白醋酸钠溶液：称取纯酪蛋白0.25 g，加蒸馏水20 mL及1.00 mol·L^{-1}氢氧化钠溶液5 mL（必须准确），摇荡使酪蛋白溶解，然后加1.00 mol·L^{-1}醋酸5 mL（必须准确），倒入50 mL容量瓶内，用蒸馏水稀释至刻度，混匀，结果是酪蛋白溶于0.01 mol·L^{-1}醋酸钠溶液内，酪蛋白的浓度为0.5%；95%乙醇；0.2 mol·L^{-1} pH 4.7醋酸-醋酸钠缓冲溶液；乙醇-乙醚等体积混合液；无水乙醚；双缩脲试剂：取硫酸铜（$CuSO_4 \cdot 5H_2O$）2.0 g，酒石酸钾钠（$KNaC_4H_4O_6 \cdot 4H_2O$）6.0 g，分别用250 mL蒸馏水溶解，一并转移至容量瓶（1 000 mL）中混合，再加入10% NaOH溶液300 mL，随加随摇匀，用蒸馏水稀释至1 000 mL。此试剂最好保存在塑料瓶中，如无红色或者黑色沉淀出现，可长期使用；标准浓度酪蛋白溶液（10.0 mol·L^{-1}）：称取酪蛋白约7 g，加0.2 mol·L^{-1} NaOH 250 mL，于40～50℃水浴中搅拌使完全溶解，加蒸馏水至500 mL，用凯氏定氮法测定该蛋白质溶液的浓度，然后稀释至标准浓度约10.0 mol·L^{-1}，装入试剂瓶，－4℃保存备用。

30.3 实验内容与操作

1. pH 沉淀反应测定酪蛋白等电点

pH 沉淀反应测定酪蛋白等电点各试剂用量如表 30-1 所示。

表 30-1 pH 沉淀反应测定酪蛋白等电点各试剂用量

项 目	管号				
	1	2	3	4	5
水/mL	3.4	3.7	3.0	—	2.4
0.01 $mol \cdot L^{-1}$ 醋酸/mL	0.6	—	—	—	—
0.1 $mol \cdot L^{-1}$ 醋酸/mL	—	0.3	1.0	4.0	—
1.0 $mol \cdot L^{-1}$ 醋酸/mL	—	—	—	—	1.6
0.5%酪蛋白醋酸钠溶液/mL	1.0	1.0	1.0	1.0	1.0
溶液的最终 pH	5.9	5.3	4.7	4.1	3.5
溶液混浊沉淀程度					
酪蛋白带何种电荷					

试管中加酪蛋白的醋酸钠溶液后充分摇匀，静置 15 min 后，再观察其混浊度或沉淀情况，以“＋、＋＋、＋＋＋、－”等符号表示并记录。最混浊的一管的 pH 即为酪蛋白的等电点。

2. 牛奶中酪蛋白的提取

取预先放冰箱中冷却的消毒牛奶 6 mL，3 000 $r \cdot min^{-1}$ 离心 10 min，吸去脂肪层并小心倾倒至 50 mL 烧杯内，40℃左右加热，在搅拌下慢慢加入 10 mL 左右预热的醋酸-醋酸钠缓冲液，此时混浊液中有大量絮状物沉下。冷至室温，3 000 $r \cdot min^{-1}$ 离心 10 min，弃去上清液，得酪蛋白粗品。

用蒸馏水洗沉淀三次（每次 5 mL 左右），3 000 $r \cdot min^{-1}$ 离心 10 min，弃去上清液。

将沉淀置研钵中，研碎后，渐加 5 mL 95%乙醇，静置片刻，将全部悬浮液转移至布氏漏斗抽滤，抽干后的制品，用乙醇-乙醚混合液（1：1）洗沉淀二次（每次

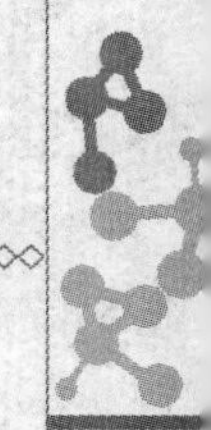

5 mL),最后用无水乙醚洗沉淀二次(每次5 mL),抽干。

将沉淀摊开在表面皿上,风干(或烘箱烘干),得酪蛋白制品(称重,记录)。

3. 双缩脲法测定酪蛋白浓度

(1)标准曲线的制作　取6支试管按表30-2编号及加入各试剂。

表30-2　制作酪蛋白标准曲线时各试剂用量　mL

试剂	管号					
	0	1	2	3	4	5
标准酪蛋白	0	0.2	0.4	0.6	0.8	1.0
水	1.0	0.8	0.6	0.4	0.2	0
双缩脲	4.0	4.0	4.0	4.0	4.0	4.0

每加一种试液均须混匀,加毕后于室温放置30 min,然后以0号管作为空白对照管,540 nm处测定各管*OD*值。以标准酪蛋白(mg)为横坐标,OD_{540}值为纵坐标,绘制标准曲线。

(2)样品中酪蛋白测定　称取从牛奶中提取的酪蛋白0.1 g,置100 mL烧杯中,加5 mL 0.2 mol·L^{-1}氢氧化钠溶液,搅匀,隔水加热,溶解后转移至100 mL容量瓶中,用少量蒸馏水洗烧杯数次,洗液并入容量瓶中,最后加水至刻度处,摇匀,置冰箱中保存备用。

样品中酪蛋白的测定方法步骤与上述标准曲线制作过程的5号管相同,仅用配制的酪蛋白溶液1.0 mL代替标准酪蛋白,样品重复测定3管。

标准曲线的制作与样品酪蛋白测定过程是同时进行的。

根据测定的样品酪蛋白的OD_{540}值,在标准曲线上查出其对应的蛋白毫克数,即为所测酪蛋白溶液的质量浓度(mol·L^{-1})。

30.4　注意事项

(1)整个实验操作过程中,各种试剂的浓度和加入量必须准确。

(2)应用等电点沉淀法来制备酪蛋白时,调节牛奶液的等电点一定要准确,而且牛奶与缓冲液要预热,缓冲液要边加边搅拌。

(3)酪蛋白精制过程用的乙醚是具有挥发性、有毒的有机溶剂,最好在通风橱内操作。

(4)在热处理牛乳过程中可能有一些乳清蛋白沉淀出来，其沉淀量依热处理条件不同而有差异，因此测定出来的酪蛋白值可能要高于相应的实际值或理论值。

(5)凡含有二个肽键和二个$-CSNH_2$、$-CRHNH_2$、$-CHNH_2-CHNH_2-CH_2OH$、$-CHOH-CH_2OH$、$-CHOH-CH_2NH$及乙二酰二胺等物质都会发生双缩脲反应，因而，有此反应的物质不一定都是蛋白质或多肽。

30.5 作业与思考题

(1)何谓蛋白质等电点？为何蛋白质在等电点时溶解度最低？

(2)计算酪蛋白提取得率。(得率＝测定含量/理论含量×100％，式中测定含量：酪蛋白克数/100 mL；牛奶理论含量 3.5 g/100 mL 牛奶。)操作中如何提高酪蛋白提取得率？

(3)计算双缩脲法测定的酪蛋白浓度。

实验31

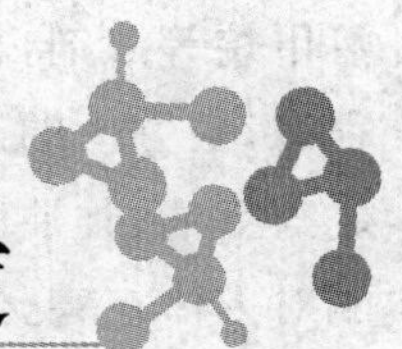

豆磷脂的制备与鉴定

31.1 实验目的与原理

1. 目的

了解豆磷脂的制备方法;学习用钼蓝法定磷测定豆磷脂的含量;掌握用薄层层析法对豆磷脂各组分进行定性、定量测定;学习从豆磷脂的混合物中分离卵磷脂(PC)的方法。

2. 原理

从大豆中制备的磷脂称豆磷脂。豆磷脂是成分复杂的混合物,其中磷脂成分主要有卵磷脂(磷脂酰胆碱,PC)、脑磷脂(磷脂酰乙醇胺,PE)、肌醇磷脂(磷脂酰肌醇,PI),还有少量的丝胺酸磷脂(磷脂酰丝氨酸,PS)、磷脂酸(PA),其中最典型的是前三种。非磷脂成分还有糖酯、甘油三酯、游离脂肪酸等。

根据不同磷脂在不同溶剂中的溶解度差别,可选用一些特殊的溶剂来进行分离提取。对提取物可采用定磷法等常规方法测定其含量,并可运用薄层层析、紫外分光光度法等对其组分进行常规分析。

磷脂是含磷酰有机物的甘油二脂肪酸酯,其化学通式如下:

$$
\begin{array}{l}
CH_2OCOR_1 \\
| \\
CHOCOR_2 \\
| \qquad\quad O \\
| \qquad\quad \| \\
CH_2O\text{-}P\text{-}X \\
\qquad\quad | \\
\qquad\quad OH
\end{array}
$$

磷脂一般为无毒无味或仅有淡淡气味的液体,其黏度差别很大,可稠至蜡状,

依加工和漂白程度不同而呈乳白、浅黄或棕色。磷脂不耐高温，80℃开始变棕色，120℃开始分解。磷脂在不同溶剂中的溶解度差别很大，它可以溶解于乙醚、苯、三氯甲烷等溶剂，也溶于脂肪酸和矿物油，但不溶于丙酮。目前制备大豆磷脂的方法很多，最方便的是从大豆油脚中用丙酮多次洗涤，利用磷脂不溶于丙酮的性质，使之与豆油、甘油三酯、游离脂肪酸等分离并保留在洗涤沉淀中。但该法的缺点是丙酮对人体有害，经丙酮处理的磷脂产品用于食品等必须严格控制丙酮的残留量。

大豆油脚中的磷脂是游离羟基式结构，亲水性较强，因此可采用有机溶剂萃取油脚中油脂的方法，将中性油和磷脂分离，制备粉状磷脂。乙酸乙酯是一种较好的有机溶剂，在一定条件下，乙酸乙酯可萃取出油脚中的中性油脂，不但不破坏水化磷脂和水的亲和力，而且还使油脚中磷脂由大胶团变成了松散的小胶粒沉淀于溶剂中，有较好的分离效果。

豆磷脂制备后，要对原料油脚中豆磷脂的含量进行测定，要对所得豆磷脂的质量进行鉴定(包括酸价、碘值、过氧化值、水分、丙酮可溶物、乙醚不溶物等)，本实验只介绍磷脂含量的测定方法。

磷脂是含磷酰有机物的甘油二脂肪酸酯，经消化后加入钼酸铵，在还原剂抗坏血酸存在的条件下，还原磷钼酸产生蓝色，在 700 nm 波长处测得磷含量，然后换算出磷脂的含量。

消化原理：用硝酸-高氯酸(HNO_3-$HClO_4$)的混合液与样品共热，分解样品中的有机质，释放出无机质。HNO_3 分解时放出新生态氧，新生态氧具有很强的氧化力，将有机质分解成 H_2O 和 CO_2。$HClO_4$ 在加热时能释放出新生态氯和氧，具有更强的氧化力，加速有机质分解成可溶性无机盐类。消化液经定容即可供测定磷。

用钼蓝法测磷时，磷酸与钼酸铵作用生成磷钼酸铵，加入抗坏血酸与酒石酸锑钾后生成蓝色磷-钼-锑络合物，蓝色的深浅与磷的含量成正比，可用比色法测定。

豆磷脂中各组分存在着极性差别(PC＞PI＞PE)。根据相似相溶原理，在用薄层硅胶作支持介质，选用三氯甲烷：甲醇：水为展层剂的层析系统中，磷脂中各组分的迁移速率不同，从而可达到分离的目的。若选用标准磷脂样品作对照，通过磷脂的 TLC 钼蓝法显色，即可定性或定量对各组分进行分析测定。

依据 PC 在低级醇中溶解度大，而 PE、PI 不溶于低级醇的特性，用乙醇萃取 PC，实现 PC 的富集。

大豆油脚中磷脂的含量一般在 1.5%～3.0%。长期以来，大豆油脚只用作低质肥皂的生产原料，有的甚至作废物弃掉。学习、探索豆磷脂制备的最佳工艺条

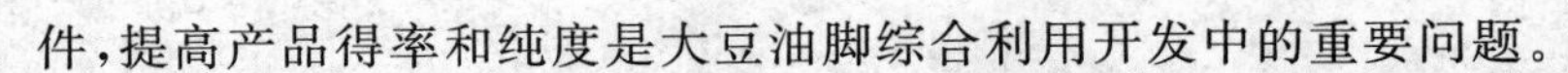

件，提高产品得率和纯度是大豆油脚综合利用开发中的重要问题。

本综合实验以大豆油脚为实验材料，综合了豆磷脂的制备、豆磷脂的定量测定、豆磷脂的薄层层析、卵磷脂(PC)的乙醇富集等系列操作。

31.2 实验用品

1. 材料

大豆油脚，自制的豆磷脂粉，浓缩大豆磷脂。

2. 器材

超级恒温水浴锅，磁力搅拌器，蒸汽蒸馏回收装置，抽滤装置，分析天平(电子天平)，调温电炉，分光光度计，层析缸，恒温干燥器，薄层扫描仪，高速离心机，量筒，刻度吸管，烧杯，试管及试管架，滴管。

3. 试剂

乙酸乙酯(CP)；浓硝酸(AR)；70%过氯酸(AP)；磷标准贮备液：称取经过烘干的 KH_2PO_4 0.439 4 g，溶于水并定容至 1 000 mL，混匀，此为每毫升相当于含磷 100 μg 的磷标准贮备液；磷标准工作液：取磷标准贮备液稀释 10 倍(现用现配)；4.8 mol/L 硫酸：量取 26.1 mL 浓硫酸，缓慢注入 70 mL 水中，稀释到 100 mL；5%钼酸铵溶液：取 5 g 钼酸铵于 70 mL 水中，加入 2 滴 4.8 $mol \cdot L^{-1}$ 硫酸，溶解后加水至 100 mL；0.6%酒石酸锑钾溶液：取 0.6 g 酒石酸锑钾溶解于 100 mL 水中(两天内可用)；24%抗坏血酸溶液：取 2.4 g 抗坏血酸溶于 10 mL 水中(两天内可用)；三氯甲烷；甲醇；浓盐酸；硫酸；硫酸肼；钼酸钠；薄层层析硅胶 G；标准磷脂样品：磷脂酰胆碱(PC)，磷脂酰乙醇胺(PE)，磷脂酰肌醇(PI)；95%乙醇；丙酮。

31.3 实验内容与操作

1. 豆磷脂的制备

称取油脚 10 g，加入两倍量的乙酸乙酯于锥形瓶中，在 45～50℃水浴中搅拌 30 min，充分混匀，然后放在－10℃静置 20 min。

取出静置液在 4 000 $r \cdot min^{-1}$ 离心 15 min，取沉淀。上清液用蒸汽蒸馏装置

回收乙酸乙酯。

沉淀用乙酸乙酯重复上述步骤1、2，萃取2～3次，所得沉淀即为较纯的豆磷脂。然后将其置60℃真空烘箱干燥8 h，取出研钵碾碎，即得粉状磷脂产品。

2. 豆磷脂的定量测定

(1)消化　准确称取所提取的豆磷脂样品1.000 g左右，放入三角瓶中，慢慢加入100 mL浓HNO_3，轻轻转动三角烧瓶使样品润湿，瓶口上放一小漏斗，在通风橱内放置过夜。

然后取出加入2 mL 70% $HClO_4$，摇匀。移至调温电炉上，先低温消煮，使消煮液保持微沸，此时放出NO_2黄棕色气体。当黄棕色气体不再放出时，可逐渐升高温度。当出现大量白烟而消煮液仍为棕色或黄色时，取下瓶子，补加1～2 mL的浓HNO_3，再继续加热至消煮液呈无色清液为止。冷却后用热的去离子水冲洗三角烧瓶，将瓶中消煮液无损失地转入100 mL容量瓶中，定容至刻度摇匀(若出现沉淀则过滤备用)。

(2)样品中磷含量的测定

①标准曲线的绘制：精确吸取磷标准工作液0、0.10、0.30、0.50、0.70、0.90、1.10 mL分别于25 mL容量瓶中，然后各容量瓶加水至20 mL，再加入4.8 mol·L^{-1} H_2SO_4 2 mL，摇匀；加入5%钼酸铵0.8 mL，摇匀，加入0.6%的酒石酸锑钾0.8 mL，再摇匀；待浑浊消失后加入24%的抗坏血酸0.6 mL，最后定量至25 mL，摇匀。于室温15～35℃放置20 min后，以零管作对照，在波长700 nm处测定吸光度，以吸光度为纵坐标，显色液浓度为横坐标，绘制标准工作曲线。

②样品测定：取一定量的消化液(体积视待测样品中的磷含量而定)，于25 mL容量瓶中，其显色和比色方法按标准曲线的制作过程进行，将测得的吸光度在标准曲线上查出所对应的显色液磷浓度。

③结果计算：

$$P = \frac{A \times V \times 稀释倍数}{W \times 10^6} \times 100\%$$

式中：A为标准曲线上查得显色液浓度，μg·mL^{-1}；V为显色液体积；W为样品重，g。

油脚中磷脂的含量，用磷含量乘以转换系数25即可。

3. 豆磷脂的薄层层析

(1)标准样品溶液的配制　准确称取PC、PE、PI各0.050 0 g，加少量三氯甲

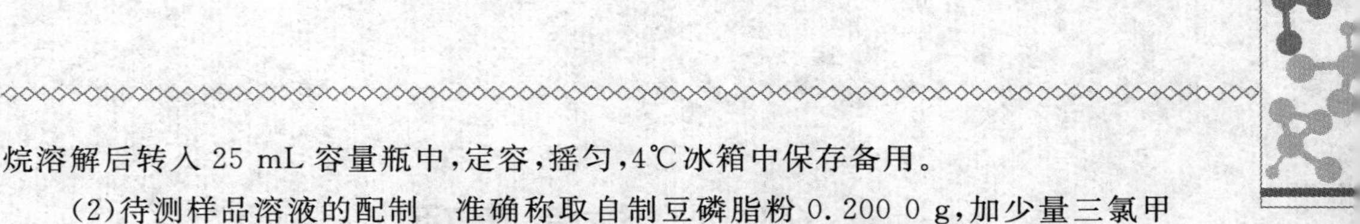

烷溶解后转入 25 mL 容量瓶中，定容，摇匀，4℃冰箱中保存备用。

(2)待测样品溶液的配制　准确称取自制豆磷脂粉 0.200 0 g，加少量三氯甲烷溶解后转入 10 mL 容量瓶中，定容，摇匀，4℃冰箱中保存备用。

(3)磷脂显色剂的配制　溶液 A：称取 3.0 g 钼酸钠，加入 15 mL 水，溶解后再加入 15 mL 浓盐酸，混匀。溶液 B：称取 0.3 g 硫酸肼，加入 25 mL 水，加热溶解。合并溶液 A、B 置于 50℃水浴锅中，30 min 后冷却，然后加水定容至 250 mL，装入棕色瓶中避光保存。

(4)硅胶板的制作　称取 4.0 g 薄层硅胶 G，加入 10 mL 水(内含 1%CMC，2 mL)，用玻璃棒搅拌调匀后于 5 cm×20 cm 玻璃薄板上铺层，干燥，使用前于 105℃恒温干燥器中活化 1.5 h，存放在干燥器 内冷却备用。

(5)展层剂的配制　准确量取 65 mL 三氯甲烷，25 mL 甲醇，4 mL 去离子水，混匀，备用。

(6)点样与展层　准确吸取标准样品液及待测样品液各 20 μL，点样于硅胶板上(记下样点的位置)，于三氯甲烷：甲醇：水＝65：25：4 展层剂中饱和 20 min，再上行层析展开，当溶剂前沿上行到层析板合适高度时停止展层，记下溶剂前沿的位置。

(7)显色　取出薄层板，挥干溶剂，喷显色剂后，再喷 10%硫酸甲醇溶液，斑点呈蓝色。

(8)测定　定性测定时，测定各样品的 R_f 值，和标准样品对比即可判断出各组分。定量测定时，使用薄层电子扫描仪扫描分析。

4. 卵磷脂(PC)的乙醇富集

称取 10 g 左右浓缩大豆磷脂，转入 100 mL 锥形瓶中，加 40 mL 95%的乙醇溶液搅拌 20 min 使 PC 充分溶解。4 000 r · min^{-1}离心 20 min 后，分别收集上清液和沉淀。

将沉淀转入 100 mL 锥形瓶中，加 40 mL 95%乙醇，充分搅拌溶解，4 000 r · min^{-1}离心 20 min 后，再分别收集上清液和沉淀。

合并两次收集的上清液，加入蒸馏烧瓶中，置于 80℃水浴锅中减压蒸馏出乙醇，至没有或者只有少量液体滴出为止(注意不要使溶液蒸干)，乙醇回收备用。

用丙酮洗涤蒸馏烧瓶，少量多次，将洗涤液全部转入锥形瓶中，4 000 r · min^{-1}离心 20 min 收集沉淀，置于恒温干燥器中 70℃干燥，称重，即得较纯的 PC 产品。

31.4 注意事项

(1)豆磷脂提取时,因用的油脚料不同方法会有差别,但用乙酸乙酯萃取时,先略加热,然后低温静置,有利于提高豆磷脂得率。

(2)用钼蓝法测磷时,磷-钼-锑络合物是在一定酸度 0.55～0.75 mol·L^{-1}(0.65 最好)条件下生成的,酸度过高或过低都会影响结果,故控制一定酸度很重要。此法显色稳定,适合于磷含量较低的样品的测定。

(3) 用磷显色剂喷板,斑点呈蓝色,背景类白色,但板干后 2 h 左右背景变蓝。故喷 10%硫酸甲醇溶液,可以避免背景变蓝,提高薄层板的稳定性,有利于测定。

31.5 作业与思考题

(1)做好本实验的关键步骤有哪些?为什么?

(2)简述钼蓝法定磷测定豆磷脂含量的原理,并根据实验数据,计算油脚中磷脂的含量。

(3)简述薄层色谱分离和鉴定的原理和主要操作过程,并分析怎样根据薄层层析中的 R_f 值对豆磷脂进行定性鉴定。

(4)说明卵磷脂(PC)乙醇富集的主要原理。

实验32 酵母蔗糖酶的提取、纯化及效果分析

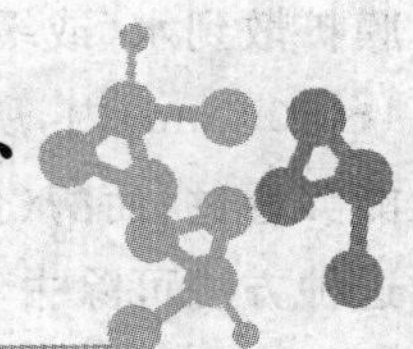

32.1 实验目的与原理

1.目的

了解酵母中蔗糖酶分离提取的基本方法和操作过程，学习掌握细胞破壁、有机溶剂分级沉淀及透析技术等酶（蛋白质）分离提取的常用技术；正确掌握蔗糖酶活力测定的原理和方法；理解酶（蛋白质）比活力、纯化倍数、产量（回收率）的概念，并会熟练计算。

2.原理

蔗糖酶又称转化酶，糖苷酶之一，是催化蔗糖水解成为果糖和葡萄糖的一种酶，广泛存在于动植物和微生物中，主要从酵母中得到。1928年，Dumas等首先指出酵母菌发酵蔗糖时必须有这种酶的存在，蔗糖酶主要存在于酵母中，工业上多从酵母中提取。蔗糖酶在工业上用以转化蔗糖，增加甜味，制造人造蜂蜜，防止高浓度糖浆中的蔗糖析出，还用来制造含果糖和巧克力的软心糖等。酵母蔗糖酶系胞内酶，提取时破碎细胞或菌体自溶。

有机溶剂沉淀法即向水溶液中加入一定量的亲水性的有机溶剂，可降低溶质的溶解度使其沉淀被析出。有机溶剂引起蛋白质沉淀的主要原因是加入有机溶剂使水溶液的介电常数降低，因而增加了两个相反电荷基团之间的吸引力，促进了蛋白质分子的聚集和沉淀。有机溶剂引起蛋白质沉淀的另一种解释认为与盐析相似，有机溶剂与蛋白质争夺水化水，致使蛋白质脱除水化膜，而易于聚集形成沉淀。有机溶剂沉淀法的分辨能力比盐析法高，即一种蛋白质或其他溶质只有在一个比较窄的有机溶剂浓度范围内沉淀。沉淀不用脱盐，过滤比较容易。在生化制备中比盐析法应用广泛。但有机溶剂沉淀法容易引起蛋白质变性失活，操作常需在低

温下进行，且有机溶剂易燃、易爆、安全要求较高。

透析是将小分子与生物大分子分开的一种分离纯化技术，指小分子经过半透膜扩散到水(或缓冲液)。酶(蛋白质)的分子很大，其颗粒在胶体颗粒范围(直径1～100 nm)内，所以不能透过半透膜。选用孔径合宜的半透膜，由于小分子物质能够透过，而酶(蛋白质)颗粒不能透过，因此可使酶(蛋白质)和小分子物质分开。这种方法可除去和酶(蛋白质)混合的中性盐及其他小分子物质。透析是常用来纯化酶(蛋白质)的方法。由盐析、有机溶剂沉淀等所得的酶(蛋白质)沉淀，经过透析脱盐后仍可恢复其原有结构及生物活性。

蔗糖酶是一种水解酶，它能使蔗糖水解为果糖和葡萄糖。在一定范围内还原糖的量与反应液的颜色强度成一定比例关系，可用于比色测定。采用 DNS 比色法测定单位时间内蔗糖酶水解蔗糖产生还原糖的含量，以之衡量蔗糖酶活性的高低。

实验采用自溶法从酵母中提取蔗糖酶，经体积分数 30％的乙醇第一次分级沉淀，再经体积分数 50％的乙醇第二次分级沉淀，制得较高纯度的酵母蔗糖酶溶液。通过所提取的酵母蔗糖酶对蔗糖进行水解，测定蔗糖酶的活性，并用考马斯亮蓝 G250 染色法测定蛋白质浓度，据此计算酵母蔗糖酶的比活力、纯化倍数、产量(回收率)。

32.2 实验用品

1. 材料

酵母粉(市售)。

2. 器材

离心机，分光光度计，水浴锅，冰箱，电炉，量筒，刻度吸管，烧杯，试管及试管架，滴管。

3. 试剂

牛血清白蛋白；DNS 试剂；考马斯亮蓝 G-250；磷酸缓冲液(0.005 $mol \cdot L^{-1}$，pH 6.0)；乙醇；醋酸钠；乙酸乙酯。

32.3　实验内容与操作

1. 酵母蔗糖酶的分离纯化

(1)自溶法　将 5 g 酵母粉倒入 500 mL 烧杯中、少量多次地加入 15 mL 蒸馏水，搅拌均匀，成糊状后加入 0.5 g 乙酸钠、8 mL 乙酸乙酯，搅匀，再于 35℃恒温水浴中搅拌 30 min。

(2)抽提　补加蒸馏水 10 mL，搅匀，盖好，于 35℃恒温过夜，4 000 r · min^{-1} 离心 10 min，弃沉淀，得 E_1；量体积，取出 2 mL 置于 4℃冰箱保存，待测酶活力及蛋白质浓度(留样 1)。

(3)乙醇分级和透析

测 E_1 pH：用 10％醋酸调 pH 至 4.5(注意少量、慢加、搅匀，防止调过)。

①第一次乙醇分级(30％乙醇饱和度)计算出使 E_1 的乙醇浓度达 30％时，所需无水乙醇的体积 X_1 mL，将 E_1 和乙醇 X_1 放入冰浴中预冷，在不断搅拌下缓慢滴加乙醇，4 000 r · min^{-1}离心10 min，弃沉淀，留上清，得到上清液，量体积得 E_2(取出 2 mL 留样 2)。

②第二次乙醇分级(50％乙醇饱和度)同上法加入 X_2(为达 50％乙醇饱和度时需要补加的无水乙醇的体积)。4 000 r · min^{-1}离心 10 min，弃上清，沉淀立刻用 10 mL pH 6.0 的 1/150 mol · L^{-1}磷酸缓冲液溶解，并装入透析袋，对上述磷酸缓冲液透析过夜；次日，4 000 r · min^{-1}离心 10 min，得 E_3，量体积(取出少量为留样 3)。

③测定各步的总蛋白、总活力、并据此计算比活、回收率和纯化倍数。

2. 蔗糖酶活性测定

(1)葡萄糖浓度标准曲线的制作　参考基础实验 12。

(2)酶活性的测定　取 5％的蔗糖、蔗糖酶提取液分别于 35℃水浴中预热 5 min[若酶液浓度过高，用 0.2 mol · L^{-1}的醋酸缓冲液(pH 4.7)适当稀释]，按照表 32-1、表 32-2 所示测定蔗糖酶活性。

表 32-1 蔗糖酶水解蔗糖 mL

试剂	试管号	
	0	1
5%蔗糖	2	2
1 mol·L $^{-1}$ NaOH	0.5	
酶液	2	2
35℃水浴,3 min		
1 mol·L $^{-1}$ NaOH		0.5

表 32-2 还原糖的测定

试剂	试管号		
	0	1	2
反应液/mL	0.5 (取自表 1 中 0 管)	0.5 (取自表 1 中 1 管)	0.5 (取自表 1 中 1 管)
DNS 试剂/mL	1.5	1.5	1.5
水/mL	1.5	1.5	1.5
沸水浴 5 min 后,立即流水冷却			
水/mL	21.5	21.5	21.5
OD_{520nm}			

在葡萄糖标准曲线上找到所测定光吸收值对应的葡萄糖含量,按下面公式计算酶活力:

蔗糖酶活力单位=葡萄糖毫克数×9×酶的稀释倍数

在本实验条件下,每 3 min 释放 1 mg 还原糖所需的酶量,定义为一个活力单位。

3. 蛋白质浓度测定-考马斯亮蓝 G-250 染色法

参考基础实验 9。

4. 蔗糖酶分离纯化效果计算

按下表计算蔗糖酶各步骤分离提取纯化的效果。

留样	体积 /mL	蛋白质浓度 /(mol·L^{-1})	总蛋白 /mg	活力 /(U·mL^{-1})	总活力 /U	比活力/ (U·mg^{-1})	纯化倍数	产量 (回收率)
1							1	100
2								
3								

注:纯化倍数=每次比活力/第一次比活力,产量=每次总活力/第一次总活力×100%。

32.4 注意事项

(1)整个操作过程中,要注意各步骤之间的衔接,做好原始数据的记录和整理。

(2) 有机溶剂沉淀是个放热过程,所以要在低温下进行。溶剂应预冷,加入时要边搅拌边滴加,以避免局部浓度过高使酶蛋白变性。

32.5 作业与思考题

(1)有机溶剂分级沉淀法分离提取酶(蛋白质)的原理及注意事项。

(2) 根据实验数据,计算并分析蔗糖酶分离提取效果。

实验33 脲酶的分离纯化及酶学特性研究

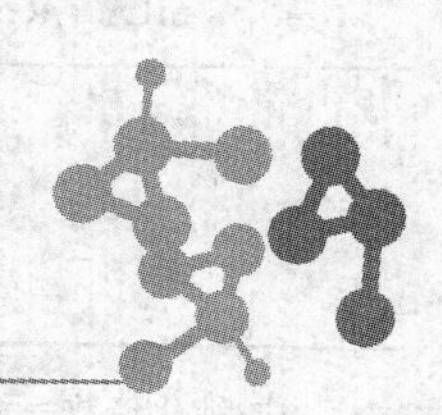

33.1 实验目的与原理

1. 目的

掌握酶分离纯化的一般步骤及相关原理;熟悉黑豆脲酶的分离纯化的方法步骤,学习冷丙酮沉淀、饱和硫酸铵分级沉淀、透析脱盐、DE-52 阴离子交换层析、Sephadex G-200 凝胶层析的工作原理和操作方法;掌握黑豆脲酶的反应进程曲线、米氏常数 K_m、最适 pH、酸碱稳定性、抑制剂类型的判断等动力学研究的一般原理和方法。

2. 原理

酶的纯化是研究酶的重要步骤。酶的分离纯化一般包括三个基本步骤:即抽提、纯化、结晶或制剂。在分离纯化过程中的每一步都应检测酶的活性,以确定酶的纯化程度和回收率。蛋白质酶分离纯化方法主要有:盐析、离子交换层析、凝胶层析及电泳等。分离纯化时注意防止酶的变性失活。

盐析是蛋白质分离纯化中经常使用的方法,它的机制是高浓度盐溶液的异性离子中和了蛋白质颗粒的表面电荷,从而破坏了蛋白质颗粒表面的水化层,降低了溶解度,使蛋白质从水溶液中沉淀出来,若加水稀释蛋白质沉淀可复溶。常用的中性盐有硫酸铵、硫酸钠、氯化钠等。

离子交换层析是在以离子交换剂为固定相,液体为流动相的系统中进行的。此法广泛应用于很多生化物质(例如氨基酸、多肽、蛋白质、糖类、核苷和有机酸等)的分析、制备、纯化,以及溶液的中和、脱色等方面。离子交换层析之所以能成功地把各种无机离子、有机离子或生物大分子物质分开,其主要依据是离子交换剂对各种离子或离子化合物有不同的结合力。

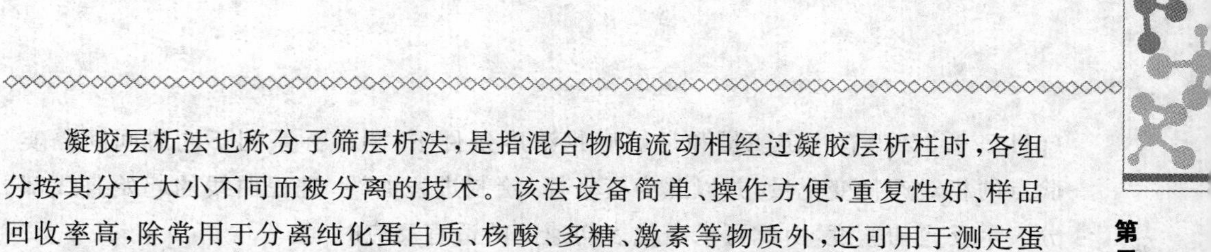

凝胶层析法也称分子筛层析法，是指混合物随流动相经过凝胶层析柱时，各组分按其分子大小不同而被分离的技术。该法设备简单、操作方便、重复性好、样品回收率高，除常用于分离纯化蛋白质、核酸、多糖、激素等物质外，还可用于测定蛋白质的相对分子质量，以及高分子物质样品的脱盐和浓缩等。由于整个层析过程中一般不变换洗脱液，犹如过滤一样，故又称凝胶过滤。效果较好的有葡聚糖凝胶、琼脂糖凝胶等。

聚丙烯酰胺凝胶是由单体丙烯酰胺(acrylamide，Acr)和交联剂 N，N-甲叉双丙烯酰胺(methylene-bisacrylamide，Bis)在加速剂和催化剂的作用下聚合，并联结成三维网状结构的凝胶，以此凝胶为支持物的电泳称为聚丙烯酰胺凝胶电泳(polyacrylamide gel electrophoresis，PAGE)。与其他凝胶相比，聚丙烯酰胺凝胶具有凝胶透明、有弹性、机械性能好、化学性能稳定、对 pH 和温度变化较稳定、几乎无电渗作用、样品分离重复性好、样品不易扩散、灵敏度可达 10^{-6} g、分辨率高等优点。PAGE 应用范围广，可用于蛋白质、酶、核酸等生物分子的分离、定性、量及少量的制备，还可测定相对分子质量、等电点等。聚丙烯酰胺凝胶电泳(PAGE)有圆盘(disc)和垂直板(vertical slab)型之分，由于垂直板型具有板薄、易冷却、分辨率高、操作简单、便于比较与扫描等优点，而为大多数实验室采用。

脲酶为能将尿素(脲)分解为氨和二氧化碳或碳酸铵的酶，广泛分布于植物的种子中，但以大豆、刀豆中含量丰富，也存在于动物血液和尿中。某些微生物也能分泌脲酶。脲酶具有绝对专一性，特异性地催化尿素水解释放出氨和二氧化碳。因为脲酶作用于尿素生成氨离子，而后与次氯酸及苯酚钠溶液起反应，生成蓝色靛粉，进行比色，当色深时(约 20 min)，在 630 nm 处有最大光吸收。氨的含量在 100 μg以下时，吸光度与浓度呈线性关系。因此，可用苯酚钠法测定脲酶的活性。本实验从黑豆中提取脲酶，粗酶液经石油醚脱脂、冷丙酮沉淀、饱和硫酸铵分级沉淀、透析脱盐、DE-52 阴离子交换层析、Sephadex G-200 凝胶层析后，运用聚丙烯酰胺凝胶电泳(PAGE)鉴定分离纯化效果，并对黑豆脲酶的反应进程曲线、米氏常数 K_m、最适 pH、酸碱稳定性、抑制剂类型的判断等酶学特性进行动力学分析。

进程速度是表明反应时间和底物或产物化学量之间的关系，由进程曲线可以了解反应随时间的变化情况，求得反应的初速度。测量初速度是为了避免有产物存在时造成复杂性，同时还因酶在测定过程中有可能失活，测定酶反应用的时间，选择在酶反应的初速度范围，这样可得到速度与被测溶液中的酶浓度成正比，不过通常所用的底物浓度至少要比酶的 K_m 大 5 倍。本实验在反应的最适条件

(pH 7.0,35℃)有一定酶量和足够底物浓度条件下,测出一系列不同时间间隔实验点的相对产物变化量,并以此为横坐标,绘制进程曲线,进程曲线的起始直线部分表示反应初速度,由此可求出代表初速度的适宜反应时间。

对于符合米氏方程的酶类,通过测定底物浓度对反应速度的影响,可以测定米氏常数 K_m 和最大反应速度 V_{max}。测定时,首先确定反应的条件,包括温度、pH、酶浓度等。然后取不同浓度的底物与酶反应,分别测定不同底物浓度下的酶反应速度。然后用双倒数作图法和单倒数作图法等求 K_m 和 V_{max}。

双倒数作图法(Lineweaver-Burk 法):将米氏公式改写成倒数形式,即将 $v=\frac{V_{max}[S]}{K_m+[S]}$改写成:$\frac{1}{v}=\frac{K_m}{V_{max}}\cdot\frac{1}{[S]}+\frac{1}{V_{max}}$,以$\frac{1}{v}$对$\frac{1}{[S]}$,得一直线(图 33-1),其纵轴截距为$\frac{1}{V_{max}}$,横轴截距为$-\frac{1}{K_m}$,斜率为$\frac{K_m}{V_{max}}$。一个酶促反应速度的倒数($1/v$)对底物浓度的倒数($1/[S]$)的作图。$X$ 和 Y 轴上的截距分别代表米氏常数和最大反应速度的倒数。

单倒数作图法:将米氏公式改写成:$\frac{[S]}{v}=\frac{K_m}{V_{max}}+\frac{1}{V_{max}}[S]$,以$\frac{[S]}{v}$对[S]作图(图 33-2)得一直线,其横轴截距为 K_m,纵截距为$\frac{K_m}{V_{max}}$,斜率为$\frac{1}{V_{max}}$。

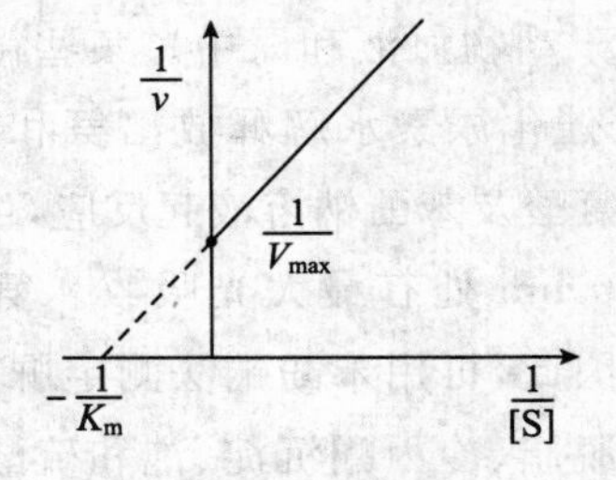

图 33-1 双倒数作图法

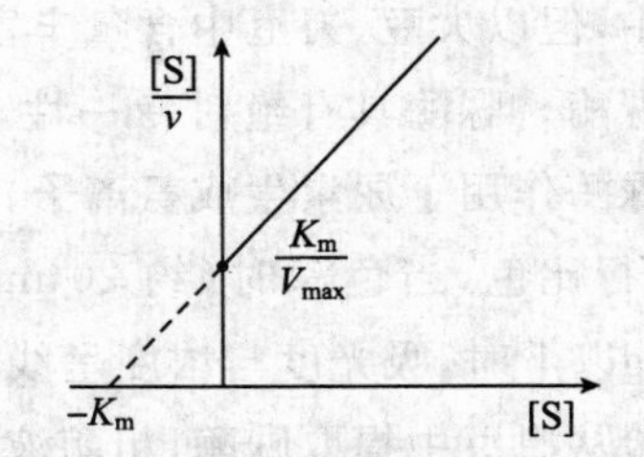

图 33-2 单数作图法

最适 pH 的测定:酶促反应均有其最适 pH。通过测定不同 pH 条件下酶的反应速度,就可以找出其最适 pH。测定时,其他条件保持一定,使用不同 pH 的缓冲液测定酶的反应速度。然后以 pH 为横坐标,相对酶反应速度为纵坐标,绘出曲线,求出最适 pH。

添加某种物质后,使酶的催化活性增强的现象,称为酶的激活作用。起激活作用的物质称为激活剂。凡是使酶的催化活性减低的现象称为酶的抑制作用。起抑制作用的物质称为抑制剂。为了测定激活剂和抑制剂对酶活性的影响,可在一定的条件下于反应液中添加不同量的激活剂或抑制剂，然后分别测定酶反应速度。以激活剂或抑制剂的浓度为横坐标，相对酶反应速度为纵坐标，可绘出酶的激活曲线或抑制曲线。抑制作用有竞争性抑制、非竞争性抑制和反竞争性抑制等几种。为了辨别抑制的类型，可以按测定底物浓度对酶反应速度影响的方法将反应分成几组(三组以上)，每组的各试管中加入不同浓度的抑制剂，而各组的其他条件均互相对应，分别测定酶反应速度，然后以底物浓度的倒数$\frac{1}{[S]}$为横坐标、$\frac{1}{v}$为纵坐标，把各组的变化曲线画在同一图中，即可从图中辨别出抑制类型。

33.2 实验用品

1. 材料

黑豆。

2. 器材

离心机，循环水真空泵，布氏漏斗，分光光度计，自动部分收集器，层析柱，梯度混合器，核酸蛋白检测仪，恒流泵，电泳仪，垂直电泳槽，脱色摇床，恒温水浴锅，冰箱，电炉，试剂瓶，培养皿，量筒，刻度吸管，烧杯，试管及试管架，滴管，计时器。

3. 试剂

苯酚钠(12.5%，W/V)：62.5 g 苯酚溶于少量乙醇中，加 2 mL 甲醇和 18.5 mL 丙酮，用乙醇稀释至 100 mL，棕色小瓶内，冰箱贮用。27 g NaOH 溶于蒸馏水中，并定容至 100 mL。临用前将上述溶液 20 mL 混合，蒸馏水定容至 100 mL。此混合液不稳定，最好在临用前 10 min 配制，用多少配多少；次氯酸钠(NaOCl)(含活性氯不少于 0.9%)：将次氯酸钠(活性氯含量不少于 5.2%) 52 mL，用蒸馏水稀释至 300 mL，贮于棕色瓶内(此液是稳定的)；尿素(50% W/V)：25 g 溶于蒸馏水，并定容至 50 mL；1/15 mol·L^{-1}，pH7.0 磷酸盐缓冲液；0.1%溴酚蓝指示剂；染色液(0.05%考马斯亮蓝 R-250 的 20%磺基水杨酸染色液)：考马斯亮蓝 0.05 g，磺基水杨酸 20 g，加蒸馏水至 100 mL，过滤后置试剂瓶内保存；脱色液：7%乙酸溶液；保存液：甘油 10 mL，冰乙酸 7 mL，加蒸馏水至 100 mL；1%琼脂(糖)溶液琼脂(糖)1 g，加已稀释 10 倍的电极冲液，加热溶解，4℃贮藏，备用；10%尿素；0.1 mol·L^{-1} 尿素：600 mg，蒸馏水溶解，定容至 100 mL；

0.03 mmol · L^{-1} Cu^{2+}（相当反应体系终浓度 0.003 mmol · L^{-1}）：称 254.8 mg 硫酸铜于试管中，加 10 mL 无离子水溶解，配成 100 mmol · L^{-1} 的 Cu^{2+} 浓度，然后取此溶液 1 mL，加无离子水 9 mL，配成 10 mmol · L^{-1}，依此类推，配成 0.1 mmol · L^{-1} Cu^{2+} 后，再取 0.1 mmol · L^{-1} Cu^{2+} 溶液 3 mL，加无离子水 7 mL，配成 0.03 mmol · L^{-1} Cu^{2+} 浓度；pH 7.0，0.8 mol · L^{-1} 磷酸盐缓冲液。

33.3 实验内容与操作

1. 脲酶分离纯化操作步骤

(1)脱脂、粗提　黑豆种子→捣碎成细粉状，取粉末 10 g →加 4 倍体积石油醚 40 mL 浸泡 20～30 min→抽滤→加 4 倍体积石油醚 40 mL 浸泡 20～30 min→抽滤，得脱脂豆粉。

(2)初步纯化　脱脂豆粉加 5 倍体积水于 4℃ 冰箱，放置 18～24 h→纱布过滤，滤液以 4 000 r · min^{-1} 离心 15 min，得上清液(2 mL 留样 1)→4 倍体积冷丙酮，以 4 000 r · min^{-1} 离心 15 min，取沉淀以 100 mL 蒸馏水溶解(2 mL 留样 2)。

(3)饱和硫酸铵分级沉淀　100 mL 蒸馏水溶解液中加入固体硫酸铵至饱和度为 30%→4 000 r · min^{-1} 离心 15 min，取上清加入固体硫酸铵至饱和度为 60%→4 000 r · min^{-1} 离心 15 min，取沉淀溶于 30～50 mL 蒸馏水→透析(1/150 mol · L^{-1} 磷酸盐缓冲液，pH 7.0)18～24 h→透析液(2 mL 留样 3)，备用上柱。

(4)离子交换层析

①离子交换剂的预处理：商品离子交换纤维素往往混有杂质，在用起始缓冲液溶胀前，必须进行酸、碱处理。

0.1 mol · L^{-1} NaOH →H_2O →0.1 mol · L^{-1} HCl →H_2O →0.1 mol · L^{-1} NaOH 的顺序处理，最后用水洗至 pH 7.0，再用起始磷酸缓冲液悬浮平衡。具体如下：将干纤维素撒在 0.1 mol · L^{-1} 的 NaOH＋0.1 mol · L^{-1} 的 NaCl 溶液中(15 mL NaOH · g^{-1} 干粉)，使其自然沉降(不搅拌)，可避免吸留气泡。浸泡至少 2 min 后沥去水上漂浮的细粒，用布氏漏斗抽滤，再用水洗至滤液 pH 约为 8.0，加入 0.1 mol · L^{-1} 的 HCl 洗(浸泡 20 min)，抽滤、水洗游离的 HCl，再用 NaOH 洗，最后充分用水漂洗至 7.0 与起始缓冲液相同，最后加 buffer(pH 7.0)放置 1 h 后，备用装柱。

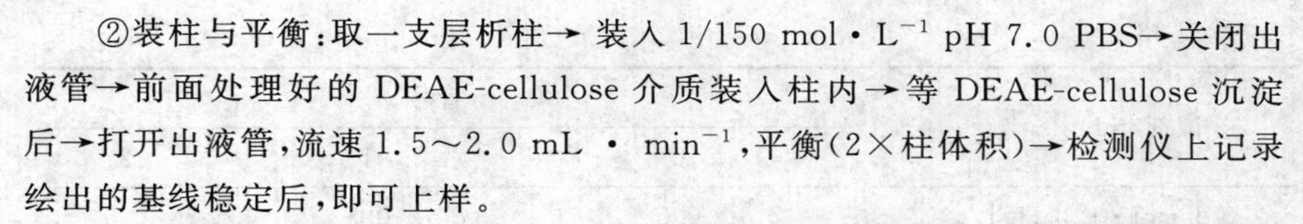

②装柱与平衡:取一支层析柱→ 装入 1/150 mol·L^{-1} pH 7.0 PBS→关闭出液管→前面处理好的 DEAE-cellulose 介质装入柱内→等 DEAE-cellulose 沉淀后→打开出液管,流速 1.5～2.0 mL · min^{-1},平衡(2×柱体积)→检测仪上记录绘出的基线稳定后,即可上样。

③上样:上样量一般是根据离子交换介质的交换容量来确定,通常上样量不超过交换容量的 10%～20%。($W=V\times E$)

E[交换容量/(mg·g^{-1})或(mg·mL^{-1})]= 测得的蛋白质的质量/mg/离子交换介质的质量/g 或体积/mL。

注意:加样量的多少,随实验目的的不同和样品中目的物的浓度以及其亲和力的不同而有不同的情况。

④洗脱、收集:上样至饱和后,用同一缓冲液进行梯度洗脱(pH 7.0,1/150～1 mol·L^{-1}),控制其流速为 100～120 mL·h^{-1}。

仔细地通过取样检测有脲酶活性的蛋白峰,合并洗脱液(2 L 留样 4)。

(5)凝胶层析

①浓缩:离子交换层析中洗脱液转入处理好的透析袋中,以 PEG20000 冰箱低温浓缩 2～3 h。

②凝胶层析:过 Sephadex G-200 柱(1.6 cm×90 cm),平衡,洗脱,取样检测有脲酶活性的蛋白峰,合并洗脱液(2 L 留样 5)。

2. 苯酚钠法测定脲酶的活性

取 3 mL 底物(50%尿素)、3 mL 酶液分别于 35℃预热 5 min。按表 33-1 测定酶活。

表 33-1 苯酚钠法测定脲酶的活性

试剂/mL	管号		
	0	1	2
50%尿素	1	1	1
酶液		1	1
Buffer	1		
	混合,摇匀		
	35℃,反应 15 min		

续表 33-1

试剂/mL	管号		
	0	1	2
0.1 mol·L^{-1} HCl	0.5	0.5	0.5
苯酚钠	2	2	2
NaOCl	1.5	1.5	1.5
	发色反应 30 min		
$OD_{630\ nm}$			

3. 蛋白质浓度测定——考马斯亮蓝 G-250 染色法

参考基础实验 9。

4. 黑豆脲酶的纯度和产量

提纯的目的，不仅在于得到一定量的酶，而且要求得到不会或尽量少含其他杂蛋白的酶制品。在纯化过程中，除了要测定一定体积或一定重量的酶制剂中含有多少活力单位外，还需要测定酶制剂的纯度。酶的纯度用比活力表示(表 33-2)。

表 33-2 黑豆脲酶分离纯化结果计算

留样	体积/mL	蛋白质浓度/(mg·mL^{-1})	总蛋白/mg	活力/(U·mL^{-1})	总活力/U	比活力/(U·mg^{-1})	纯化倍数	产量(回收率)
1							1	100
2								
3								
4								
5								

注：纯化倍数＝每次比活力/第一次比活力，产量＝每次总活力/第一次总活力×100%。

5. 黑豆脲酶的纯度鉴定——聚丙烯酰胺凝胶电泳(PAGE)

(1) 凝胶贮备液和缓冲液的配制

按照表 33-3 配制凝胶贮备液和缓冲液。

表 33-3 凝胶贮备液和缓冲液配制表

贮备液名称	100 mL 中含量		pH	配制溶液时比例
A	1 mol・L^{-1} HCl	48 mL	8.9	
	Tris	36 g		分离胶
	TEMED	0.24 mL		A∶C∶水∶G=1∶2∶1∶4
C	Acr	30 g		
	Bis	0.8 g		凝胶浓度 7.5%，pH 8.9
G	过硫酸铵	0.14 g	8.9	
B	1 mol・L^{-1} HCl	48 mL	6.7	
	Tris	5.9 g		
	TEMED	0.46 mL		浓缩胶
D	Acr	10 g	6.7	B∶D∶E∶F=1∶2∶1∶4
	Bis	2.5 g		凝胶浓度 2.5%，pH 6.7
E	核黄素	4 mg	6.7	
F	蔗糖	40 g	6.7	
电极缓冲液	Tris	6 g	8.3	使用时稀释 10 倍
	甘氨酸	28.8 g		
	水定容至	1 000 mL		

制备凝胶应选用高纯度的试剂，否则会影响凝胶聚合与电泳效果。

Acr 及 Bis 是制备凝胶的关键试剂，如含有丙烯酸或其他杂质，则造成凝胶聚合时间延长，聚合不均匀或不聚合，应将它们分别纯化后方能使用。

Acr 及 Bis 均为神经毒剂，对皮肤有刺激作用，实验表明对小鼠的半致死剂量为 170 mg・kg^{-1}，操作时应戴手套及口罩，纯化应在通风橱中进行。

Acr 的纯化：称 70 g Acr 溶于 1 000 mL 50℃预热的氯仿中，溶解后趁热过滤。冷却后，置−20℃低温冰箱中，则有白色结晶析出，用预冷的布氏漏斗抽滤，收集白色结晶，再用预冷的氯仿淋洗几次，真空干燥后置棕色瓶中密封贮存。Acr 的熔点为(84.5±0.3)℃。纯 Acr 水溶液 pH 应是 4.9～5.2，其 pH 变化不大于 0.4pH 单位就能使用。

Bis的纯化：称12 g Bis，使其溶于1 000 mL预热40～50℃的丙酮中，趁热过滤冷却后，置−20℃低温冰箱中，待结晶析出后，用预冷布氏漏斗抽滤，收集结晶，用预冷丙酮洗涤数次，真空干燥后置棕色瓶中密封保存，Bis熔点为185℃。

Acr和Bis的贮液在保存过程中，由于水解作用而形成丙烯酸和NH_3，虽然溶液放在棕色试剂瓶中，4℃贮存能部分防止水解，但也只能贮存1～2个月，可测pH 4.9～5.2来检查试剂是否失效。

(2)按照说明书安装垂直板电泳槽　由于与凝胶聚合有关的硅橡胶条、玻璃板表面不光滑洁净，在电泳时会造成凝胶板与玻璃板或硅橡胶条剥离，产生气泡或滑胶；剥胶时凝胶板易断裂，为防止此现象，所用器材均应严格地清洗。硅橡胶条的凹槽、样品槽模板及电泳槽用泡沫海绵醮取“洗洁净”仔细清洗。玻璃板浸泡在重铬钾洗液3～4 h或0.2 mol·L^{-1} KOH的酒精溶液中20 min以上，用清水洗净，再用泡沫海绵蘸取“洗洁净”反复刷洗，最后用蒸馏水冲洗，直接阴干或用乙醇洗洗后阴干。

用琼脂(糖)封底及灌凝胶时不能有气泡，以免影响电泳时电流的通过。

(3)制备凝胶板　PAGE有连续体系与不连续体系2种，其灌胶方式不完全相同，分别叙述如下。

①连续体系：从冰箱取出各种贮备液，平衡至室温后，按表33-3的配比即A∶C∶水∶G=1∶2∶1∶4配制凝胶。前3种溶液混合在一小烧杯内，G号液单独置另一小烧杯，二者抽气后轻轻混匀，立即用细长头的滴管将分离胶溶液加到凝胶模长、短玻璃板间的狭缝内，当加至距短玻璃板上缘约0.5 cm时，停止加胶，轻轻将样品槽模板插入。在上、下贮槽中倒入蒸馏水，液面不能超过上贮槽的短玻璃板，防止蒸馏水进入凝胶中。其作用是增加压力，防止凝胶液渗漏。凝胶液在混合后15 min开始聚合，0.5～1 h，完成聚合作用。

凝胶完全聚合后，必须放置30 min至1 h，使其充分“老化”后，才能轻轻取出样品槽模板，切勿破坏加样凹槽底部的平整，以免电泳后区带扭曲。聚合后，在样品槽模板梳齿下缘与凝胶界面间折射率不同的透明带。看到透明带后继续放置30 min，再用双手取样品槽模板。取时动作要轻，用力均匀，以防弄破加样凹槽。凹槽中残留液体可用窄滤纸条轻轻吸去，切勿插进凝胶中，应保持加样槽凹边缘平整。放掉上、下贮槽中的蒸馏水。在上、下两个电极槽倒入电极缓冲液，液面应没过短玻璃板上缘约0.5 cm。也可以先加电极缓冲液，然后拔出样品槽模板。

分离胶预电泳：虽然凝胶90%以上聚合，但仍有一些残留物存在，特别是AP可引起某些样品(如酶)钝化或引起人为的效应，因此在正式电泳前，先用电泳的办法除去残留物，这称为预电泳.是否进行预电泳则取决于样品的性质。一般预电泳电流为10 mA，60 min左右即可。

②不连续体系：不连续体系采用不同孔径及pH分离胶与浓缩胶，凝胶制备应分2步进行。

a.分离胶制备：根据实验要求，选择最终丙烯酰胺的浓度，本实验需20 mL pH 8.9 7.0%PAA溶液，配制方法参照表33-4。其加胶方式不同于连续系统。混合后的凝胶溶液，用细长头的滴管加至长、短玻璃间的窄缝内，加胶高度距样品模板梳齿下缘约1 cm。用1 mL注射器在凝胶表面沿玻璃板边缘轻轻加一层重蒸水(3～4 mm)，用于隔绝空气，使胶面平整。为防止渗漏，在上、下贮槽中加入略低于胶面的蒸馏水。30～60 min凝胶完全聚合，则可看到水与凝固的胶面有折射率不同的界线。用滤纸条吸去多余的水，但不要碰破胶面。如需预电泳，则将上、下槽的蒸馏水倒去，换上分离胶缓冲液，10 mA电流电泳1 h，终止电泳后，弃去分离胶缓冲液，用注射器取浓缩胶缓冲液洗涤胶面数次，即可制备浓缩胶。

b.浓缩胶制备：浓缩胶为pH 6.7 2.5%PAA，其配制方法见表33-4。即(4)∶(5)∶(6)∶(7)＝1∶2∶4∶1，混合均匀后用细长头的滴管将凝胶溶液加到长、短玻璃板的窄缝内(即分离胶上方)，距短玻璃板上缘0.5 cm处，轻轻加入样品槽模板。在上、下贮槽中加入蒸馏水，但不能超过短玻璃板上缘。在距电极槽10 cm处，用日光灯或太阳光照射，进行光聚合，但不要造成大的升温。在正常情况下，照射6～7 min，则凝胶由淡黄透明变成乳白色，表明聚合作用开始。继续光照30 min，使凝胶聚合完全。光聚合完成后放置30～60 min，轻轻取出样品槽模板，用窄条滤纸吸去样品凹槽中多余的液体，加入稀释10倍pH 8.3的Tris-甘氨酸电极缓冲液，使液面没过短玻璃板约0.5 cm，即可加样。

表 33-4 不同浓度分离胶及浓缩配制 mL

	试剂名称	20 mL PAA 终浓度					
	用量	5.5%	7.0%	10.0%	5.0%	7.5%	10.0%
分离胶	(1)分离胶缓冲液 pH 8.9 Tris-HCl(TEMED)	2.50	2.50	2.50	2.50	2.50	2.50
	(2)凝胶贮液 A. 28%Acr-0.375%Bis	3.93	5.00	7.14	—	—	—
	B. 30%Acr-0.8%Bis	—	—	—	3.33	5.00	7.14
	重蒸馏水	3.57	2.50	0.36	4.17	2.50	0.83
	充分混匀后,置真空干燥器中,抽气 10 min						
	(3)0.14%AP	10	10	10	10	10	10
浓缩胶	(4)浓缩胶缓冲液 pH 6.7 Tris-HCl(TEMED)	2.5%PAA 1			3.75%PAA 1		
	(5)浓缩胶贮液 10%Acr-2.5%Bis	2			3		
	(6)40%蔗糖	4			3		
	充分混匀后,置真空干燥器中,抽气 10 min						
	(7)0.004%核黄素	1			1		

(4)加样 作为分析用的PAGE加样量仅需几微克,2~3 μL 血清电泳后就能分出几十条蛋白区带。为防止样品扩散,应在样品中加入等体积 40%蔗糖(内含少许溴酚蓝)。用微量注射器取5 μL 上述混合液,通过缓冲液,小心地将样品加到凝胶凹形样品槽底部,待所有凹形样品槽内部加了样品,即可开始电泳。为防止电泳后区带拖尾,样品中盐离子强度应尽量低,含盐的样品可用透析法或滤胶过滤法脱盐,最大加样量不得超过 100 μg 蛋白/100 μL。

(5)电泳 打开电泳仪开关,开始时将电压调至 80 V。待样品进入分离胶时,将电压调至 100 V。电泳结束时,用不锈钢铲轻轻将一块玻璃板橇开移去,在胶板一端切除一角作为标记,将胶板移至大培养皿。电泳时,电泳仪与电泳槽间正、负极不能接错,以免样品反方向泳动,电泳时应选用合适的电流、电压,过高或过低均可影响电泳效果。

(6)固定、染色　木实验采用0.05%考马斯亮蓝R-250(内含20%磷基水杨酸)染色液,染色与固定同时进行,染色液没过胶板,染色30 min左右。

(7)脱色　用7%乙酸浸泡漂洗数次,直至背景蓝色褪去。如用50℃水浴或脱色摇床,则可缩短脱色时间。

(8)制备凝胶干板　1 mm以上的胶板常用凝胶真空器制备干板。如无此仪器可将脱色后的胶板浸泡在保存液中3～4 h。制干板时在大培养皿上,平放一块干净玻璃板(13 cm×13 cm),倒少许保存液在玻璃板上,使其均匀涂开,取一张预先用蒸馏水浸透的玻璃纸平铺在玻璃板上,赶走气泡,小心取出凝胶板平铺在玻璃纸上,赶走两者间的气泡。再取另一张蒸馏水浸透的玻璃纸覆盖在凝胶板上,赶走气泡,将四边多余的玻璃纸紧紧贴于玻璃板的背面。平放于桌上自然干燥1～2 d,完全干后除去玻璃板,即可得到平整、透明的干胶板,此干板可长期保存,便于定量扫描。

6.脲酶的动力学分析

(1)进程曲线的制作　取试管17支,编号1-8,1′-8′(每种并列2支),一支空白,各试管分别加入1 mL 10%尿素,和盛有酶液的小三角瓶在25℃恒温水溶液中同时预热5 min。精确计时,于各管内分别加入1 mL酶液(1 mg・mL^{-1}),剧烈摇匀,然后按时间间隔5 min、10 min、15 min、20 min、25 min、30 min、40 min、60 min加0.1 mol・L^{-1} HCl 0.5 mL终止反应,加入2 mL苯酚钠溶液和1.5 mL NaOCl溶液,并充分摇匀,1支空白以1 mL缓冲液代替酶液,发色20 min,以空白作对照,于630 nm比色测定。

项目	管号							
	1	2	3	4	5	6	7	8
反应时间/min	5	10	15	20	25	30	40	60
OD_{630}(×)								
OD_{630}(×′)								
平均								

以反应时间为横坐标,OD_{630}为纵坐标作出进程曲线。由进程曲线求出代表初速度的反应时间。

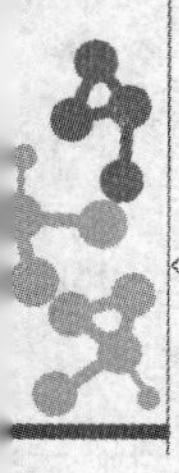

(2)米氏常数 K_m 的测定

①按下表配制 10 mmol・L^{-1},20 mmol・L^{-1},30 mmol・L^{-1},40 mmol・L^{-1} 尿素液。

项目	配制的尿素浓度/(mol・L^{-1})			
	10	20	30	40
反应终浓度/(mol・L^{-1})	5	10	15	20
用 0.1mol・L^{-1} 尿素/mL	1	2	3	4
加磷酸缓冲液(1/15 mol・L^{-1},pH 7.0)/mL	9	8	7	6

②操作步骤:取试管 9 支,编号 1～4,每种平行的 2 支,设空白。按下表吸各种浓度尿素 1 mL,在 35℃恒温水浴中预热 5 min,酶液也同时预热,逐管计时加酶液 1 mL。在 35℃恒温水浴反应 15 min,加 0.1 mol・L^{-1} HCl 0.5 mL 终止反应,加苯酚钠 2 mL,NaOCl 1.5 mL 反应 20 min 630 nm 处比色测定 *OD* 值。

项目	管号			
	1	2	3	4
尿素终浓度[S]/(mmol・L^{-1})				
1/[S]				
v				
$1/v$				
[S]v				

用二种方法作图:倒数作图法:$1/v$ 为纵坐标,1/[S]为横坐标,由直线在横轴上的交点为$-1/K_m$,计算得 K_m;[S]/v 对[S]作图,以[S]/v 为纵坐标,以[S]为横坐标,由直线在横轴上的交点为 K_m。

7. pH 对酶活性的影响及酸碱稳定性的测定

(1)各种不同 pH 配制

mL

试剂	pH					
	5.0	6.0	7.0	8.0		9.0
0.2 mol・L^{-1} Na_2HPO_4	10.30	12.63	16.47	19.5	0.05 mol・L^{-1} 硼砂	8.0
0.1 mol・L^{-1} 柠檬酸	9.70	7.37	3.53	0.55	0.2 mol・L^{-1} 硼酸	2.0

(2)pH 与酶活的关系　取试管 11 支，每种平行做 2 支，按下表加入溶液及进行操作。

mL

项目	管号					
	1	2	3	4	5	空白
反应 pH	5.0	6.0	7.0	8.0	9.0	
Buffer	1.8	1.8	1.8	1.8	1.8	
尿素	0.2	0.2	0.2	0.2	0.2	0.2
酶液	0.2	0.2	0.2	0.2	0.2	
H_2O						2.0
35℃，反应 15 min，加 0.1 mol・L^{-1} HCl 0.5 mL 终止反应						
苯酚钠	2	2	2	2	2	2
NaOCl	1.5	1.5	1.5	1.5	1.5	1.5
反应 30 min						
OD_{630}						

以反应 pH 为横坐标，为 OD_{630} 为纵坐标，绘制 pH-酶活性曲线，并分析本实验条件下该酶的最适 pH 范围。

(3)酸碱稳定性的测定　取试管 11 支，每种平行做 2 支，按下表加入溶液及进行操作。

mL

项目	管号					
	1	2	3	4	5	空白
处理的 pH	5.0	6.0	7.0	8.0	9.0	
Buffer	0.2	0.2	0.2	0.2	0.2	
酶液	0.2	0.2	0.2	0.2	0.2	
H_2O						0.4
35℃，反应 1 h						
PBS buffer [pH 7.0，1/15 (mol・L^{-1})]	1.6	1.6	1.6	1.6	1.6	1.6

续表

项目	管号					
	1	2	3	4	5	空白
尿素(50%)	0.2	0.2	0.2	0.2	0.2	0.2
	35℃,反应 15 min,加 0.1mol·L^{-1} HCl 0.5 mL 终止反应					
苯酚钠	2	2	2	2	2	2
NaOCl	1.5	1.5	1.5	1.5	1.5	1.5
	反应发色 30 min					
OD_{630}						

以处理的 pH 为横坐标,为 OD_{630} 为纵坐标,绘制 pH 稳定曲线,并分析本实验条件下该酶的酸碱稳定范围。

8. 抑制剂类型的判断

(1)酶液的配制

项目	配制浓度/(mg·mL^{-1})				
	1.0	2.0	4.0	6.0	8.0
相当反应系统终浓度/(mg·mL^{-1})	0.25	0.5	1.0	1.5	2.0
取 10 mg·mL^{-1} 酶的 mL 数	0.5	1.0	2.0	3.0	4.0
无离子水/mL	4.5	4.0	3.0	2.0	1.0

(2)各种浓度磷酸盐配制

试剂	配制浓度/(moL·mL^{-1})		
	0.8	0.4	0.1
0.8 mol·L^{-1} 磷酸盐缓冲液/mL	10	5	1.25
无离子水/mL	0	5	8.75

(3)$CuSO_4$ 和磷酸盐缓冲液抑制类型(可逆或不可逆)的判断　在固定的抑制浓度($CuSO_4$ 终浓度是 0.003 mmol·L^{-1},磷酸盐缓冲液浓度为 0.4 mol·L^{-1})和一系列不同酶浓度下进行初速度测定。每种酶浓度重复做 2 支,以下 3 组同时做。

①无抑制物组:取试管 11 支,编号 1~5,每种平行做 2 支,1 支空白。

mL

项目	管号					
	1	2	3	4	5	空白
1/15 mol·L^{-1}缓冲液 pH 7.0	1	1	1	1	1	1
酶液	1 mg·mL^{-1} 0.5 mL	2 mg·mL^{-1} 0.5 mL	4 mg·mL^{-1} 0.5 mL	6 mg·mL^{-1} 0.5 mL	8 mg·mL^{-1} 0.5 mL	1 mg·mL^{-1} 0.5 mL
	35℃恒温水浴预热 5 min,逐管计时					
0.1 mol·L^{-1}尿素	0.5	0.5	0.5	0.5	0.5	
	摇匀,各管精确反应 15 min,加 0.1 mol·L^{-1} HCl 0.5 mL 终止反应					
苯酚钠	2	2	2	2	2	2
NaOCl	1.5	1.5	1.5	1.5	1.5	1.5
0.1mol·L^{-1}尿素						0.5
	充分摇匀,发色 20 min					
OD_{630}						

②磷酸盐缓冲液抑制组:取试管 11 支,编号 1～5,每种平行做 2 支,1 支空白。

mL

项目	管号					
	1	2	3	4	5	空白
0.8 mol·L^{-1} pH 7.0 缓冲液	1	1	1	1	1	1
酶液	1 mg·mL^{-1} 0.5 mL	2 mg·mL^{-1} 0.5 mL	4 mg·mL^{-1} 0.5 mL	6 mg·mL^{-1} 0.5 mL	8 mg·mL^{-1} 0.5 mL	1 mg·mL^{-1} 0.5 mL
	35℃恒温水浴预热 5 min,逐管计时					
0.1 mol·L^{-1}尿素	0.5	0.5	0.5	0.5	0.5	
	摇匀,各管精确反应 15 min,加 0.1 mol·L^{-1}HCl 0.5 mL 终止反应					
苯酚钠	2	2	2	2	2	2
NaOCl	1.5	1.5	1.5	1.5	1.5	1.5
0.1 mol·L^{-1}尿素						0.5
	充分摇匀,发色 20 min					
OD_{630}						

③$CuSO_4$ 组：

mL

项目	管号					
	1	2	3	4	5	空白
0.03 mmol·L^{-1} $CuSO_4$	0.2	0.2	0.2	0.2	0.2	0.2
1/15 mol·L^{-1} pH 7.0 缓冲液	0.8	0.8	0.8	0.8	0.8	0.8
酶液	1 mg·mL^{-1} 0.5	2 mg·mL^{-1} 0.5	4 mg·mL^{-1} 0.5	6 mg·mL^{-1} 0.5	8 mg·mL^{-1} 0.5	1 mg·mL^{-1} 0.5
	35℃恒温水浴预热 5 min，逐管计时					
0.1 mol·L^{-1}尿素	0.5	0.5	0.5	0.5	0.5	
	摇匀，各管精确反应 15 min，加 0.1 mol·L^{-1}HCl 0.5 mL 终止反应					
苯酚钠	2	2	2	2	2	2
NaOCl	1.5	1.5	1.5	1.5	1.5	1.5
0.1 mol·L^{-1}尿素						0.5
	充分摇匀，发色 20 min					
OD_{630}						

各组以相对酶浓度为横坐标，为 OD_{630} 为纵坐标作图，根据曲线比较分析讨论所属抑制类型。

(4)磷酸盐缓冲液抑制类型(竞争性、非竞争性或反竞争性)的判断　磷酸盐离子在 3 种不同浓度(终浓度分别为 0.4 mol·L^{-1}、0.2 mol·L^{-1}、0.05 mol·L^{-1})的 3 组中，分别在底物不同浓度下(尿素的终浓度分别为0.02 mol·L^{-1}、0.04 mol·L^{-1}、0.06 mol·L^{-1}、0.1 mol·L^{-1})进行初速度实验。

取试管 25 支，编号 1～12，每种平行做 2 支，1 支空白。

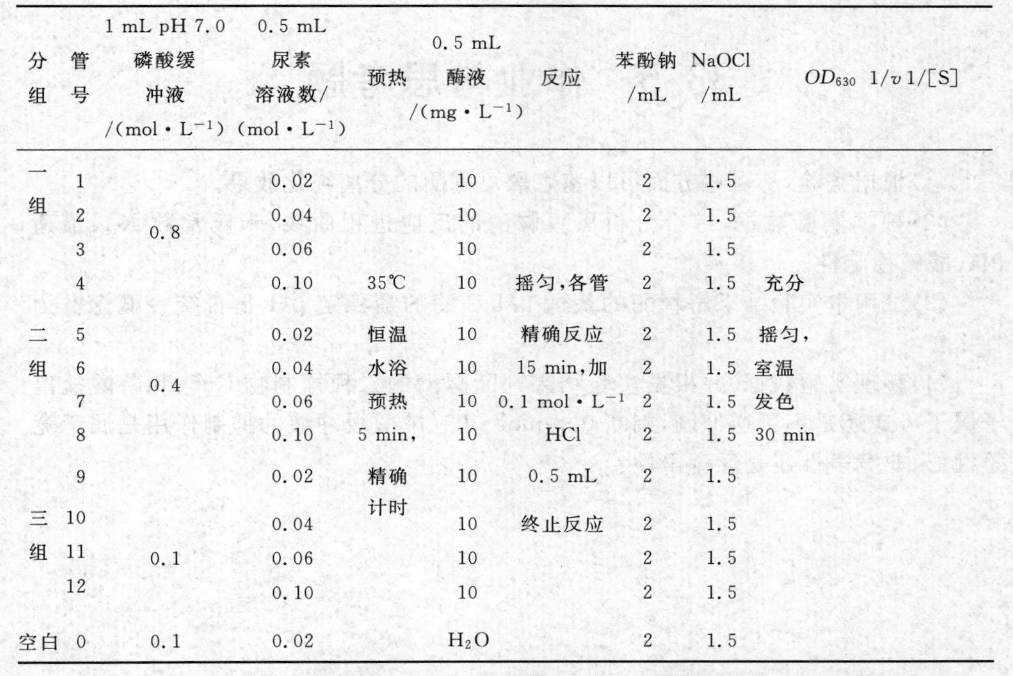

分组	管号	1 mL pH 7.0 磷酸缓冲液/(mol·L^{-1})	0.5 mL 尿素溶液数/(mol·L^{-1})	预热	0.5 mL 酶液/(mg·L^{-1})	反应	苯酚钠/mL	NaOCl/mL		OD_{630}	$1/v$	$1/[S]$
一组	1	0.8	0.02	35℃恒温水浴预热5 min，精确计时	10	摇匀，各管精确反应15 min，加0.1 mol·L^{-1} HCl 0.5 mL终止反应	2	1.5	充分摇匀，室温发色30 min			
	2		0.04		10		2	1.5				
	3		0.06		10		2	1.5				
	4		0.10		10		2	1.5				
二组	5	0.4	0.02		10		2	1.5				
	6		0.04		10		2	1.5				
	7		0.06		10		2	1.5				
	8		0.10		10		2	1.5				
三组	9	0.1	0.02		10		2	1.5				
	10		0.04		10		2	1.5				
	11		0.06		10		2	1.5				
	12		0.10		10		2	1.5				
空白	0	0.1	0.02		H_2O		2	1.5				

绘制$1/v$-$1/[S]$坐标图，通过比较分析讨论磷酸盐缓冲液所属抑制类型。

33.4 注意事项

(1)酶的分离纯化的目的是将酶以外的所有杂质尽可能的除去，因此，在整个分离纯化过程中要注意防止酶的变性失活。

(2)酶具有催化活性。在整个分离纯化过程中要始终检测酶活性，跟踪酶的来龙去脉，为选择适当方法和条件提供直接依据。在工作过程中，从原料开始每步都必须检测酶活性.一个好的方法和措施会使酶的纯度提高倍数大，活力回收高，同时重复性好。

(3)聚丙烯酰胺凝胶电泳实验中，在不连续电泳体系中，预电泳只能在分离胶聚合后进行，洗净胶面后才能制备浓缩胶；浓缩胶制备后，不能进行预电泳，以充分利用浓缩胶的浓缩效应。

(4)黑豆脲酶动力学分析实验中，所有试管要干净，加入各种试剂量要准确，控制反应时间要精确。

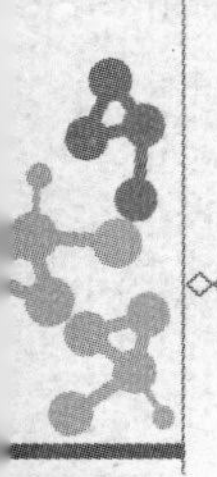

33.5 作业与思考题

(1)根据实验，从哪些方面可以鉴定黑豆脲酶的分离纯化效果。

(2)根据实验数据，综合分析黑豆脲酶的反应进程曲线、米氏常数 K_m、最适 pH、酸碱稳定性。

(3)试用本实验结果解释酶的最适 pH 和酶的最稳定 pH 是否统一概念？为什么？

(4)整理实验数据，并根据实验结果判断脲酶的二种抑制物 Cu^{2+} 和磷酸盐离子属于可逆还是不可逆抑制，判断 0.8 $mol \cdot L^{-1}$ 磷酸缓冲液的抑制作用是属于竞争性的、非竞争性还是反竞争性？

第三部分　设计性实验

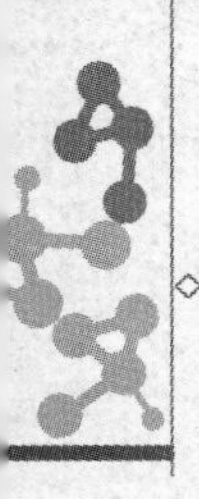

实验设计是建立在初步掌握生物化学基本原理和基本操作，具备一定综合性实验知识和实验技能的基础上，将基本单元操作设计整合成系统的实验操作流程。学生通过查阅相关文献资料，在教师指导下，学会独立运用生化基本原理、了解试剂的理化性质及实验材料的生物学属性、合理借助仪器，尝试自己将实验的各个环节有机融合，组合成一个链接式的实验方案。设计性试验目的是训练学生充分利用信息资源，从搜集信息综合构建总体框架，到严密创新思维的开发，结合实践体会科学实验的基本过程，锻炼基本实验技能，追踪并享受实验成果，培养积极的科研兴趣。本章主要包括拟定实验主题、简介实验设计内容、实验方案设计的基本原则、设计的基本理念，指导并提示实验思路，提出方案设计要求，实验操作前提交实验可行性报告，实验结束后撰写实验报告。

实验34 外界因素对酶活性的影响

实验简介：酶的化学本质是蛋白质，它极易受外界条件的影响而改变它的构象及性质，因而也必然会影响到它的催化活性。酶对温度、pH、酶浓度及某些离子浓度等变化很敏感。本实验要求学生利用所学的知识并查阅相关资料，结合实验室的条件，自己设计一套可行的方案，通过实践操作，了解外界因素对酶活性及酶促反应速度的影响，加深对酶特性的认识和理解。

34.1 实验目的

(1)学习从生物组织中分离提取初酶液的基本操作。

(2)根据基本原理自行选择设计一套测定所提取酶液的适宜方法。

(3)掌握确定酶液催化活性最适宜条件的设计方案。

34.2 实验思路提示

1. 实验材料的选择

从生物组织中提取酶液的操作易简单、试剂常用，如自制唾液淀粉酶。

2. 实验的关键指标

酶活的检测方法。检测方法简易、合理、可行。

3. 外界因素的选择

在寻找酶的催化活性某一最适宜条件时，应统一其他条件因素。通过条件和

数据的合理选择，设计的方案应能反映出如下外界因素影响酶活性及酶促反应速度的规律：

pH对酶活性的影响：酶活性受环境pH的影响极为显著，通常酶只在一定的pH范围才表现它的活性。高于或低于最适酶pH时，酶的活性降低。酶的最适pH受酶的纯度、底物的种类和浓度、缓冲液的种类和浓度以及环境温度等条件影响。

温度对酶活性的影响：每种酶都有其最适温度，高于或低于此温度酶的活性都降低。一般而言，过高的温度会使酶活性永久地丧失，而较低温度使酶活性受到抑制，一旦温度适宜，酶又会全部或部分地恢复其活性。

酶浓度对酶促反应速度的影响：在其他条件不变的情况下，若底物浓度足够大，则反应速度随酶浓度增加而增加，两者间成正比关系，即$V=k[E]$。但若反应底物浓度较低，而且酶的浓度足够高时，增加酶浓度，反应速度基本不变。

离子对酶活性的影响：酶活性可受到无机离子的调控，不同的酶对不同的离子具有不同的效应，一种酶的激活剂对另一种酶可能是抑制剂，当激活剂的浓度超过一定的范围，它就成为抑制剂。如唾液淀粉酶而言，低浓度Cl^-可以增加酶活性，高浓度Cl^-或者低浓度的Cu^{2+}则会抑制酶的活性，而低浓度的Na^+、SO_4^{2+}等对酶活性没有影响。

34.3 实验条件

实验可在生理生化功能实验室完成，实验室提供酶活提取、测定等必备的实验器材和实验药品。

34.4 实验要求

(1)广泛查阅文献和资料，了解实验项目目前的研究状态。

(2)提交实验可行性报告，包括：

①实验原理。

②选择实验材料的依据。

③设计具体的实验步骤及其依据。

④所用试剂及配制方法。

⑤实验主要注意事项。

⑥预期实验结果。

(3)多元化实验教学要求:基本要求实验设计中,针对唾液淀粉酶活性的主要影响因素 pH、温度、酶浓度等设计不同梯度,如用淀粉遇碘液变色检测唾液淀粉酶活性方法,分析外界因素对酶活性的影响;或较高要求,采用正交设计,寻找唾液淀粉酶活性达到最佳的实验条件;

(4)经实验指导老师确认实验设计的可行性后,分小组自行准备实验仪器设备,提前配制相关试剂。

(5)撰写实验报告,内容包括:

①实验题目,组员姓名,班级,指导老师姓名等。

②实验原理。

③实验材料与方法。

④实验结果与分析:需绘制外界因素影响酶促反应速度的规律图,利用正交设计效果分析,寻找唾液淀粉酶活性达到最佳的实验条件。

⑤问题与讨论:实验中的外界因素如何影响酶活性? 酶的最适 pH 及酶的最适温度是否酶的固定常数?

⑥参考资料。

实验35 小麦萌发前后淀粉酶活力的比较

实验简介:淀粉是植物最主要的储藏多糖,种子中储藏的碳水化合物主要以淀粉的形式存在。淀粉酶是一种水解酶,它能使淀粉水解为麦芽糖,催化反应如下:

$$2(C_6H_{10}O_5)_n + nH_2O \rightarrow nC_{12}H_{22}O_{11}$$

休眠种子的淀粉酶活力很弱,种子吸胀萌发后,酶活力逐渐增强,并随着发芽天数的增长而增加。本实验要求学生利用所学的知识并查阅相关资料,结合实验室的条件,自己设计一套可行的方案,定性或定量比较小麦萌发前后淀粉酶的活力,通过实践操作,加深对种子萌发时酶活性改变其生理意义的认识。

35.1 实验目的

(1)学习实验对照材料的准备和科学取样方法。

(2)熟悉实验室酶的制备基本操作。

(3)根据基本原理自行选择设计一套测定所提取酶液的适宜方法。

(4)掌握淀粉酶的活力测定技术,学习如何合理利用定性或定量方法科学比较实验结果。

(5)熟悉处理实验数据的要求和方法。

35.2 实验思路提示

1. 实验材料的选择

为了比较小麦萌发前后淀粉酶的活力，自行准备小麦萌发前后的实验对照材料，并合理取样，达到相对科学性。

2. 实验的关键原理

比较小麦萌发前后淀粉酶的活力的关键是酶活的检测方法。淀粉酶能使种子含有的淀粉水解为麦芽糖，而麦芽糖具有还原性，与3,5-二硝基水杨酸在共热的条件下生成棕色物质，在一定范围内，此棕色物质颜色的深浅程度与还原糖的量成正比，因此可利用比色法定量测定还原糖的量，从而反映淀粉酶活力大小。此外稀碘液遇淀粉显色反应，可辅助用于定性检测淀粉酶活。

3. 实验处理

为了显示明确的实验结果，除了实验操作的科学性，还需记录具体的实验数据，或有详细的结果描述，数据处理有具体的计算过程。

35.3 实验条件

实验可在生理生化功能实验室完成，实验室提供材料准备、酶活提取、测定等必备的实验器材和实验药品。

35.4 实验要求

(1)广泛查阅文献和资料，了解实验项目目前的研究状态。

(2)提交实验可行性报告，包括：

①实验原理。

②实验材料的准备。

③设计具体的实验步骤及其依据。

④所用试剂及配制方法。

⑤实验主要注意事项。

⑥预期实验结果。

(3)经实验指导老师确认实验设计的可行性后,分小组自行准备实验仪器设备,提前配制相关试剂,萌发小麦种子。

(4)撰写实验报告,内容包括:

①实验题目,组员姓名,班级,指导老师姓名等。

②实验原理。

③实验材料与方法。

④实验结果与分析。

⑤问题与讨论:根据本实验结果回答种子萌发时淀粉酶活性发生变化的生理意义。

⑥参考资料。

实验36 多糖的提取与分析鉴定

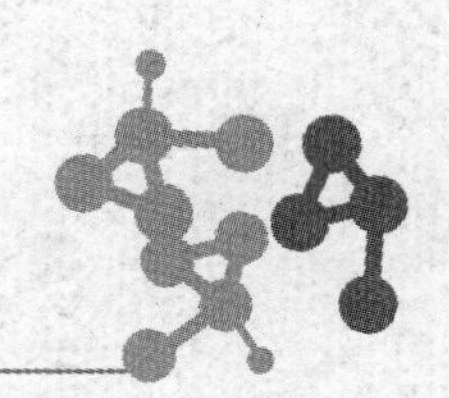

实验简介：植物多糖早被人们广泛应用于工业、医药行业，近年来发现真菌多糖具有良好的药理和临床应用价值。多糖的广义分类有均一性多糖和不均一性多糖。均一性多糖由一种单糖分子缩合而成，自然界中最丰富的均一性多糖是淀粉和糖原、纤维素。不均一多糖有不同的单糖分子缩合而成，常见的有透明质酸、硫酸软骨素、甲壳素、黏多糖等。本实验要求学生利用所学的知识并查阅相关资料，结合实验室的条件，自己设计一套可行的方案，从自选的材料中提取多糖并进行含量测定、组成鉴定及其部分理化性质分析等研究。

36.1 实验目的

(1)掌握从生物组织材料中分离提取多糖的基本原理。

(2)根据基本原理自行设计一套从不同组织、细胞中分离提取多糖并分析鉴定该物质的研究方案。

(3)学习比较并选定提取多糖的含量测定方法。

(4)掌握层析和电泳法分析多糖组成成分的操作方法。

(5)通过实验综合提升能力的设计训练，初步了解科研的基本思路方法。

(6)了解学习多糖的用途，提高对多糖的医药市场开发潜力的认识。

36.2 实验思路提示

实验内容可分为四大模块：

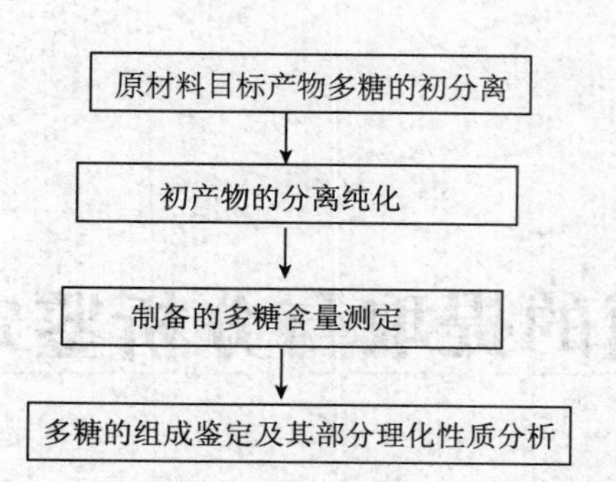

1. 多糖的提取

植物活性多糖的提取方法有多种，在水提醇沉的基础上，常采用酶解、微波、超声波，膜处理和 CO_2 超临界萃取等方法进行辅助提取或精制。在选取提取分离方法的同时，应当根据目标多糖的特点、物理化学性质，综合比较，进行实验，选取最佳方法和提取工艺，可通过进一步正交试验考察得出最佳工艺。

2. 多糖的含量测定

与单糖相似，多糖与强酸共热也可产生糠醛衍生物，然后通过与显色剂缩合成有色络合物，再进行比色定量测定，主要有苯酚-硫酸法、蒽酮法等。制作标准曲线宜用相应的标准多糖，如用葡萄糖，应以校正系数 0.9 校正糖的微克数。对杂多糖，分析结果可根据各单糖的组成比及主要组分单糖的标准曲线的校正系数计算。

3. 多糖组成的鉴定分析

将多糖完全酸水解成单糖，再用纸层析或电泳法鉴定。用合适的溶剂展开，特异的各种显色剂显色，与已知糖的斑点颜色及 R_f 值进行比较而定性鉴定，或将斑点洗脱下来，用常用的微量分析方法定量测定。

4. 实验处理

结果是实验目的的核心，为了显示明确的实验结果，除了实验操作的科学性，还需记录具体的实验数据，采用图表分析数据，甚或交代数据具体的计算过程，或有详细的结果描述，这样才易于分析讨论，并能达到较理想的实验目的。

36.3 实验条件

实验可在生理生化功能实验室完成，实验室提供多糖提取、测定、电泳、层析系

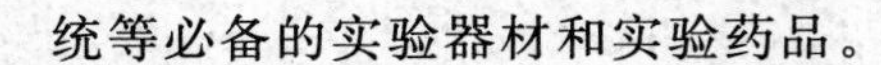

统等必备的实验器材和实验药品。

36.4 实验要求

(1)广泛查阅文献和资料,了解多糖目前的研究状态。

(2)提交实验可行性报告,包括:

①实验原理。

②实验材料的准备。

③设计具体的实验步骤及其依据。

④所用试剂及配制方法。

⑤实验主要注意事项。

⑥预期实验结果。

(3)经实验指导老师确认实验设计的可行性后,分小组自行准备实验仪器设备,提前配制相关试剂,准备提取多糖的试验材料。

(4)撰写实验报告,内容包括:

①实验题目,组员姓名,班级,指导老师姓名等。

②实验原理。

③实验材料与方法。

④实验结果与分析:记录实验现象及结果,根据数据绘制图表,进行必要的统计分析。

⑤问题与讨论:你如何选择试验材料中多糖的最佳提取工艺?

⑥参考资料。

附　　录

附录 1

玻璃仪器的洗涤及各种洗液的配制

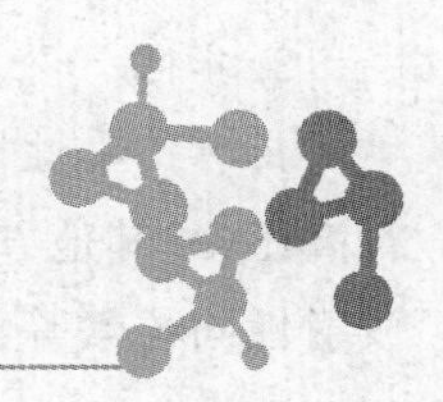

实验中往往由于仪器的不清洁或被污染而造成较大的实验误差，甚至会出现相反的结果。因此，玻璃仪器的洗涤清洁工作非常重要。

1.1 初用玻璃仪器的清洗

新购买的玻璃仪器表面常附有游离的碱性物质，可先用洗涤灵稀释液、肥皂水或去污粉等洗刷后再用自来水洗干净，然后浸泡在 1%～2%盐酸溶液中过夜(不少于 4 h)，再用自来水冲洗，最后用蒸馏水冲洗 2～3 次，80～100℃烘箱内烤干或倒置晾干备用。

1.2 使用过的玻璃仪器的清洗

1. 一般玻璃仪器

如试管、烧杯、锥形瓶等(包括量筒)，先用自来水洗刷至无污物，再选用大小合适的毛刷蘸取洗涤灵稀释液或浸入洗涤灵稀释液内，将器皿内外(特别是内壁)细心刷洗，用自来水冲洗干净后，再用蒸馏水冲洗 2～3 次，烤干或倒置在清洁处，干后备用，凡洗净的玻璃器皿，不应在器壁上挂有水珠，否则表示尚未洗干净，应再按上述方法重新洗涤。若发现内壁有难以去掉的污迹，应分别使用洗涤剂予以清除，再重新冲洗。

2. 量器

如移液管、滴定管、量瓶等。使用后应立即浸泡于凉水中，勿使物质干涸。工

作完毕后用流水冲洗，以除去附着的试剂、蛋白质等物质。晾干后浸泡在铬酸溶液中 4～6 h(或过夜)，再用自来水充分冲洗，最后用蒸馏水冲洗 2～4 次，风干备用。

3. 其他

具有传染性样品的容器，如病毒、传染病患者的血清等沾污过的容器，应先进行高压(或其他方法)消毒后再进行清洗。盛过各种有毒药品，特别是剧毒药品和放射性同位素等物质的容器，必须经过专门处理，确知没有残余毒物存在后方可进行清洗。

1.3 比较脏的器皿或不便刷洗的器械的清洗

比较脏的器皿或不便刷洗的器械(如吸管)先用软纸擦去可能存在的凡士林或其他油污，用有机溶剂(如苯、煤油等)擦净，再用自来水冲洗后控干，然后放入铬酸洗液中浸泡过夜。取出后用自来水反复冲洗直至除去洗液，最后用蒸馏水洗数次。

1.4 干燥

普通玻璃器皿可在烘箱内烘干，但定量的玻璃器皿不能加热，一般采取控干或依次用少量酒精，乙醚洗后用温热的气流吹干。

1.5 洗涤液的种类和配制方法

1. 铬酸洗液

重铬酸钾-硫酸洗液，简称为洗液，广泛用于玻璃仪器的洗涤。常用的配制方法有如下 4 种。

(1)取 100 mL 工业硫酸置于烧杯内，小心加热，然后小心慢慢加入 5 g 重铬酸钾粉末，边加边搅拌，待全部溶解后冷却，贮于具有玻璃塞的细口瓶内。

(2)称取 5 g 重铬酸钾粉末置于 250 mL 烧杯中，加水 5 mL，尽量使其溶解。慢慢加入浓硫酸 100 mL，随加随搅拌。冷却后贮存备用。

(3)称取 80 g 重铬酸钾，溶于 1000 mL 自来水中，慢慢加入工业硫酸 100 mL（边加边用玻璃棒搅拌）。

(4)称取 200 g 重铬酸钾，溶于 500 mL 自来水中，慢慢加入工业硫酸 500 mL（边加边搅拌）。

2. 浓盐酸（工业用）

可洗去水垢或某些无机盐沉淀。

3. 5％草酸溶液

用数滴硫酸酸化，可洗去高锰酸钾的痕迹。

4. 5％～10％磷酸三钠（$Na_3PO_4 \cdot 12H_2O$）溶液

可洗涤油污物。

5. 30％硝酸溶液

洗涤 CO_2 测定仪器及微量滴管。

6. 5％～10％乙二胺四乙酸二钠（EDTA-Na_2）溶液

加热煮沸可除去玻璃仪器内壁的白色沉淀物。

7. 尿素洗涤液

为蛋白质的良好溶剂，用于洗涤盛有蛋白质制剂及血样的容器。

8. 酒精与浓硝酸混合液

最适合于洗净滴定管，在滴定管中加入 3 mL 酒精，然后沿管壁慢慢加入4 mL 浓硝酸（相对密度 1.4），盖住滴定管管口，利用所产生的氧化氮洗净滴定管。

9. 有机溶剂

如丙酮、乙醇、乙醚等可用于洗涤油脂、脂溶性染料等污痕。二甲苯可洗脱油漆的污垢。

10. 氢氧化钾的乙醇溶液和含有高锰酸钾的氢氧化钠溶液

是两种强碱性的洗涤液，对于玻璃器皿的侵蚀性很强，清除容器内壁污垢，洗涤时间不宜过长。使用时应小心慎重。

附录 2

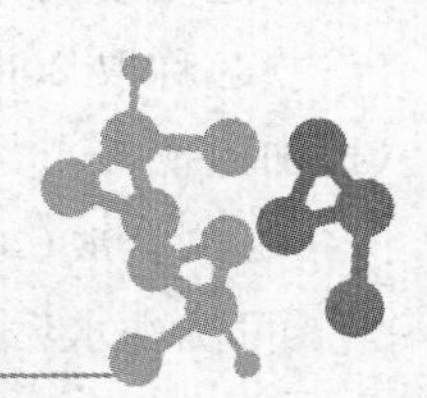

试剂的配制与保存

2.1 生物化学实验室用的纯水

生物化学实验中大部分用于溶解、稀释和配制溶液的溶剂是水，都必须先经过纯化，经常使用的多为蒸馏水或去离子水。

分析要求不同，对水质的要求也不同，应根据不同要求，采用不同纯化方法制得纯水。

蒸馏水是将自来水在蒸馏装置中加热汽化，然后将蒸馏水冷凝即制得。由于杂质离子一般不挥发，所以蒸馏水中所含杂质比自来水少得多，比较纯净但仍有少量杂质。为了获得比较纯净的蒸馏水可以进行重蒸馏，如果要使用更纯净的蒸馏水，可进行第三次蒸馏或用石英蒸馏器再蒸馏。

去离子水是使用自来水通过离子交换树脂柱后所得的水。制备时，一般将水依次通过阳离子交换树脂柱、阴离子交换树脂柱及阴、阳离子树脂混合交换柱。这样得到的水纯度比蒸馏水纯度高。

2.2 化学试剂

1. 化学试剂的分级

试剂的纯度对分析结果准确度的影响很大，不同的实验分析对试剂纯度的要求也不相同。为正确使用试剂必须了解试剂的分类标准(附表 2-1)。

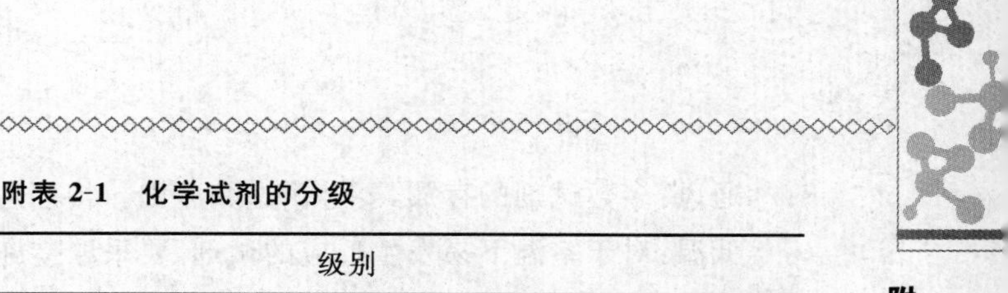

附表 2-1 化学试剂的分级

项目	级别				
	一级	二级	三级	四级	五级
中国标准	保证试剂 优先纯	分析试剂 分析纯	化学纯 纯	实验试剂 化学用	生物试剂 按说明用
符号	G. R.	A. R.	C. P.	L. R.	B. R.
瓶签颜色	绿色标签	红色标签	蓝色标签	棕色标签	黄色等标签

G. R. 试剂用于基准物质和精密分析工作。A. R. 试剂的纯度略低于 G. R. 试剂,适用于大多数分析工作,为实验室广泛使用。C. P. 试剂质量略低于 G. R. 试剂适用于一般的科研和分析工作。此外,还有一些规格的试剂,如光谱纯试剂,其所含的杂质低于光谱分析法的检测限;色谱纯试剂是在最高灵敏度时以 10^{-10} g 下无杂质峰来表示的;还有纯度较低的工业试剂。

2. 试剂的保管

物质的保存方法,与物质的物理、化学性质有关。实验室中大部分试剂都具有多重性质,在保存时要综合考虑各方面因素,遵循相应的原则。一般应遵循以下原则。

密封:多数试剂都要密封存放,这是实验室保存试剂的一个重要原则。突出的有以下 3 类:①易挥发的试剂,如浓盐酸、浓硝酸、浓溴水等。②易与水蒸气、二氧化碳作用的试剂,如无水氯化钙、苛性钠、水玻璃等。③易被氧化的试剂(或还原性试剂),如亚硫酸钠、氢硫酸、硫酸亚铁等。

避光:见光或受热易分解的试剂,要避免光照,置阴凉处。如硝酸、硝酸银等,一般应盛放在棕色试剂瓶中。

防蚀:对有腐蚀作用的试剂,要注意防蚀。如氢氟酸不能放在玻璃瓶中;强氧化剂、有机溶剂不可用带橡胶塞的试剂瓶存放;碱液、水玻璃等不能用带玻璃塞的试剂瓶存放。

抑制:对于易水解、易被氧化的试剂,要加一些物质抑制其水解或被氧化。如氯化铁溶液中常滴入少量盐酸;硫酸亚铁溶液中常加入少量铁屑。

隔离:如易燃有机物要远离火源;强氧化剂(过氧化物或有强氧化性的含氧酸及其盐)要与易被氧化的物质(炭粉、硫化物等)隔开存放。

通风:多数试剂的存放,要遵循这一原则。特别是易燃有机物、强氧化剂等。

低温:对于室温下易发生反应的试剂,要采取措施低温保存。如苯乙烯和丙烯酸甲酯等不饱和烃及衍生物在室温时易发生聚合,过氧化氢易发生分解,因此要在10℃以下的环境保存。

特殊:特殊试剂要采取特殊措施保存。如钾、钠要放在煤油中,白磷放在水中;液溴极易挥发,要在其上面覆盖一层水等。

3. 取用规则

(1)固体试剂的取用规则　要用干净的药勺取用。用过的药勺必须洗净和擦干后才能再使用,以免沾污试剂。

取用试剂后立即盖紧瓶盖。

称量固体试剂时,必须注意不要取多,取多的药品,不能倒回原瓶。

一般的固体试剂可以放在干净的纸或表面皿上称量。具有腐蚀性、强氧化性或易潮解的固体试剂不能在纸上称量,应放在玻璃容器内称量。

有毒的药品要在教师的指导下处理。

(2)液体试剂的取用规则　从滴瓶中取液体试剂时,要用滴瓶中的滴管,滴管绝不能伸入所用的容器中,以免接触器壁而沾污药品。从试剂瓶中取少量液体试剂时,则需要专用滴管。装有药品的滴管不得横置或滴管口向上斜放,以免液体滴入滴管的胶皮帽中。

从细口瓶中取出液体试剂时,用倾注法。先将瓶塞取下,反放在桌面上,手握住试剂瓶上贴标签的一面,逐渐倾斜瓶子,让试剂沿着洁净的试管壁流入试管或沿着洁净的玻璃棒注入烧杯中。取出所需量后,将试剂瓶扣在容器上靠一下,再逐渐竖起瓶子,以免遗留在瓶口的液体滴流到瓶的外壁。

2.3　溶液混匀方法

配制溶液时,必须充分搅拌或振荡混匀后方可使用。常用的溶液混匀法有以下三种。

1. 搅拌式

适用于烧杯内溶液的混匀。

(1)搅拌使用的玻璃棒必须两头都烧圆滑。

(2)搅拌的粗细长短,必须与容器的大小和所配制的溶液的多少呈适当比例关系。

(3)搅拌时,尽量使搅拌沿着器壁运动,不搅入空气,不使溶液飞溅。

(4)倾入液体时,必须沿器壁慢慢倾入,以免有大量空气混入。倾倒表面张力低的液体(如蛋白质溶液)时,更需缓慢仔细。

(5)研磨配制胶体溶液时,要使杵棒沿着研钵的一个方向进行,不要来回研磨。

2.旋转式

适用于锥形瓶,大试管内溶液的混匀。振荡溶液时,手握住容器后以手腕、肘或肩作轴旋转容器,不应上下振荡。

3.弹打式

适用于离心管、小试管内溶液的混匀。可由一手持管的上端用另一手的手指弹动离心管。也可以用同一手的大拇指和食指持管的上端,用其余三个手指弹动离心管。手指持管的松紧要随着振动的幅度变化。还可以把双手掌心相对合拢,夹住离心管来回挫动。

此外,在容量瓶中混合液体时,应倒持容量瓶摇动,用食指或手心顶住瓶塞,并不时翻转容量瓶;在分液漏斗中振荡液体时,应用一手在适当斜度下倒持漏斗,用食指或手心顶住瓶塞,并用另一手控制漏斗的活塞。一边振荡,一边开动活塞,使气体可以随时由漏斗泻出。

附录3 常用缓冲溶液的配制

常用的某些缓冲液列在附表3-1中。绝大多数缓冲液的有效范围在其 pK_a 值左右1 pH单位。

附表3-1 常用缓冲液 pK_a

酸或碱	pK_{a1}	pK_{a2}	pK_{a3}
磷酸	2.1	7.2	12.3
柠檬酸	3.1	4.8	5.4
碳酸	6.4	10.3	—
醋酸	4.8	—	—
巴比妥酸	3.4	—	—
Tris（三羟甲基氨基甲烷）	8.3	—	—

选择实验的缓冲系统时，要特别慎重。因为影响实验结果的因素有时并不是缓冲液的pH，而是缓冲液中的某种离子。选用下列缓冲系统时应加以注意。

(1)硼酸盐　这个化合物能与许多化合物(如糖)生成复合物。

(2)柠檬酸盐　柠檬酸离子能与 Ca^{2+} 结合，因此不能在 Ca^{2+} 存在时使用。

(3)磷酸盐　它可能在一些实验中作为酶的抑制剂甚至代谢物起作用。重金属离子能与此溶液生成磷酸盐沉淀，而且它在pH 7.5以上的缓冲能力很小。

(4)Tris　这个缓冲液能在重金属离子存在时使用，但也可能在一些系统中起抑制剂的作用。它的主要缺点是温度效应(此点常被忽视)。室温时pH 7.8的Tris缓冲液在4 ℃时的pH为8.4，在37℃时为7.4，因此一种物质在4℃制备时到37℃测量时其氢离子浓度可增加10倍之多。Tris在pH 7.5以下的缓冲能力很弱。

1. 磷酸氢二钠-柠檬酸缓冲液

mL

pH	0.2 mol·L^{-1} 磷酸氢二钠	0.1 mol·L^{-1} 柠檬酸	pH	0.2 mol·L^{-1} 磷酸氢二钠	0.1 mol·L^{-1} 柠檬酸
2.2	0.40	19.60	5.2	10.72	9.28
2.4	1.24	18.76	5.4	11.15	8.85
2.6	2.18	17.82	5.6	11.60	8.40
2.8	3.17	16.83	5.8	12.09	7.91
3.0	4.11	15.89	6.0	12.63	7.37
3.2	4.94	15.06	6.2	13.22	6.78
3.4	5.70	14.30	6.4	13.85	6.15
3.6	6.44	13.56	6.6	14.55	5.45
3.8	7.10	12.90	6.8	15.45	4.55
4.0	7.71	12.29	7.0	16.47	3.53
4.2	8.28	11.72	7.2	17.39	2.61
4.4	8.82	11.18	7.4	18.17	1.83
4.6	9.35	10.65	7.6	18.73	1.27
4.8	9.86	10.14	7.8	19.15	0.85
5.0	10.30	9.70	8.0	19.45	0.55

Na_2HPO_4 相对分子质量 =141.98；0.2 mol·L^{-1} 溶液为 28.40 g·L^{-1}。

$Na_2HPO_4 \cdot 2H_2O$ 相对分子质量 =178.05；0.2 mol·L^{-1} 溶液含 35.61 g·L^{-1}。

$C_6H_8O_7 \cdot H_2O$ 相对分子质量 =210.14；0.1 mol·L^{-1} 溶液为 21.01 g·L^{-1}。

2. 柠檬酸 - 柠檬酸钠缓冲液（0.1 mol·L^{-1}）

mL

pH	0.1 mol·L^{-1} 柠檬酸	0.1 mol·L^{-1} 柠檬酸钠	pH	0.1 mol·L^{-1} 柠檬酸	0.1 mol·L^{-1} 柠檬酸钠
3.0	18.6	1.4	5.0	8.2	11.8
3.2	17.2	2.8	5.2	7.3	12.7
3.4	16.0	4.0	5.4	6.4	13.6

续表

pH	0.1 mol·L^{-1} 柠檬酸/mL	0.1 mol·L^{-1} 柠檬酸钠/mL	pH	0.1 mol·L^{-1} 柠檬酸/mL	0.1 mol·L^{-1} 柠檬酸钠/mL
3.6	14.9	5.1	5.6	5.5	14.5
3.8	14.0	6.0	5.8	4.7	15.3
4.0	13.1	6.9	6.0	3.8	16.2
4.2	12.3	7.7	6.2	2.8	17.2
4.4	11.4	8.6	6.4	2.0	18.0
4.6	10.3	9.7	6.6	1.4	18.6
4.8	9.2	10.8			

柠檬酸 $C_6H_8O_7 \cdot H_2O$,相对分子质量 =210.14;0.1 mol/·L^{-1}溶液为 21.01 g·L^{-1}。

柠檬酸钠 $Na_3C_6H_5O_7 \cdot 2H_2O$,相对分子质量 =294.12;0.1 mol·$L^{-1}$溶液为 29.41 g·$L^{-1}$。

3. 醋酸-醋酸钠缓冲液(0.2 mol·L^{-1})

mL

pH (18℃)	0.2 mol·L^{-1} NaAC	0.2 mol·L^{-1} HAC	pH (18℃)	0.2 mol·L^{-1} NaAC	0.2 mol·L^{-1} HAC
3.6	0.75	9.25	4.8	5.90	4.10
3.8	1.20	8.80	5.0	7.00	3.00
4.0	1.80	8.20	5.2	7.90	2.10
4.2	2.65	7.35	5.4	8.60	1.40
4.4	3.70	6.30	5.6	9.10	0.90
4.6	4.90	5.10	5.8	9.40	0.60

$NaAC \cdot 3H_2O$ 相对分子质量 =136.09;0.2 mol·L^{-1}溶液为 27.22 g·L^{-1}。

4. 磷酸盐缓冲液

(1)磷酸氢二钠-磷酸二氢钠缓冲液(0.2 mol·L^{-1})

pH	0.2 mol·L^{-1} Na_2HPO_4	0.2 mol·L^{-1} NaH_2PO_4	pH	0.2 mol·L^{-1} Na_2HPO_4	0.2 mol·L^{-1} NaH_2PO_4
5.8	8.0	92.0	7.0	61.0	39.0
5.9	10.0	90.0	7.1	67.0	33.0
6.0	12.3	87.7	7.2	72.0	28.0
6.1	15.0	85.0	7.3	77.0	23.0
6.2	18.5	81.5	7.4	81.0	19.0
6.3	22.5	77.5	7.5	84.0	16.0
6.4	26.5	3.5	7.6	87.0	13.0
6.5	31.5	68.5	7.7	89.5	10.5
6.6	37.5	62.5	7.8	91.5	8.5
6.7	43.5	56.5	7.9	93.0	7.0
6.8	49.0	51.0	8.0	94.7	5.3
6.9	55.0	45.0			

$Na_2HPO_4 \cdot 2H_2O$ 相对分子质量 =178.05;0.2 mol·L^{-1}溶液为 35.61 g·L^{-1}。

$Na_2HPO_4 \cdot 12H_2O$ 相对分子质量 =358.22;0.2 mol·L^{-1}溶液为 71.64 g·L^{-1},

$NaH_2PO_4 \cdot H_2O$ 相对分子质量 =138.01;0.2 mol·L^{-1}溶液为 27.6 g·L^{-1}。

$NaH_2PO_4 \cdot 2H_2O$ 相对分子质量 =156.03; 0.2 mol·L^{-1}溶液为 31.21 g·L^{-1}。

(2)磷酸氢二钠-磷酸二氢钾缓冲液(1/15 mol·L^{-1})

mL

pH	1/15 mol·L^{-1} Na_2HPO_4	1/15 mol·L^{-1} KH_2PO_4	pH	1/15 mol·L^{-1} Na_2HPO_4	1/15 mol·L^{-1} KH_2PO_4
4.92	0.10	9.90	7.17	7.00	3.00
5.29	0.50	9.50	7.38	8.00	2.00
5.91	1.00	9.00	7.73	9.00	1.00
6.24	2.00	8.00	8.04	9.50	0.50
6.47	3.00	7.00	8.34	9.75	0.25

续表

pH	1/15 mol·L^{-1} Na_2HPO_4	1/15 mol·L^{-1} KH_2PO_4	pH	1/15 mol·L^{-1} Na_2HPO_4	1/15 mol·L^{-1} KH_2PO_4
6.64	4.00	6.00	8.67	9.90	0.10
6.81	5.00	5.00	8.18	10.00	0
6.98	6.00	4.00			

$Na_2HPO_4 \cdot 2H_2O$ 相对分子质量 =178.05；1/15 mol·L^{-1}溶液为 11.876 g·L^{-1}。

KH_2PO_4相对分子质量 =136.09;1/15 mol·L^{-1}溶液为 9.078 g·L^{-1}。

5. 巴比妥钠 - 盐酸缓冲液（18℃）

mL

pH	0.04 mol·L^{-1} 巴比妥钠溶液	0.2 mol·L^{-1} 盐酸	pH	0.04 mol·L^{-1} 巴比妥钠溶液	0.2 mol·L^{-1} 盐酸
6.8	100	18.4	8.4	100	5.21
7.0	100	17.8	8.6	100	3.82
7.2	100	16.7	8.8	100	2.52
7.4	100	15.3	9.0	100	1.65
7.6	100	13.4	9.2	100	1.13
7.8	100	11.47	9.4	100	0.70
8.0	100	9.39	9.6	100	0.35
8.2	100	7.21			

巴比妥钠盐相对分子质量 =206.18；0.04 mol·L^{-1}溶液为 8.25 g·L^{-1}。

6. Tris- 盐酸缓冲液（25℃）

50 mL 0.1 mol·L^{-1}三羟甲基氨基甲烷（Tris）溶液与 x mL 0.1 mol·L^{-1}盐酸混匀后，加水稀释至 100 mL。

mL

pH	x	pH	x
7.10	45.7	8.10	26.2
7.20	44.7	8.20	22.9

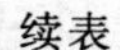

续表

pH	x	pH	x
7.30	43.4	8.30	19.9
7.40	42.0	8.40	17.2
7.50	40.3	8.50	14.7
7.60	38.5	8.60	12.4
7.70	36.6	8.70	10.3
7.80	34.5	8.80	8.5
7.90	32.0	8.90	7.0
8.00	29.2		

羟甲基氨基甲烷（Tris）相对分子质量 =121.14；0.1 mol·L^{-1}溶液为 12.114 g·L^{-1}。

Tris 溶液可从空气中吸收二氧化碳，使用时注意将瓶盖严。

7.碳酸钠-碳酸氢钠缓冲液（0.1 mol·L^{-1}）

mL

pH		0.1 mol·L^{-1} Na_2CO_3	0.1 mol·L^{-1} $NaHCO_3$
20℃	37℃		
9.16	8.77	1	9
9.40	9.12	2	8
9.51	9.40	3	7
9.78	9.50	4	6
9.90	9.72	5	5
10.14	9.90	6	4
10.28	10.08	7	3
10.53	10.28	8	2
10.83	10.57	9	1

Na_2CO_3·10 H_2O 相对分子质量 =286.2；0.1 mol·L^{-1}溶液为 28.62 g·L^{-1}。

$NaHCO_3$相对分子质量 =84.0；0.1 mol·L^{-1}溶液为 8.40 g·L^{-1}。

Ca^{2+}、Mg^{2+}存在时不得使用。

常用酸碱指示剂及有机溶剂的性质

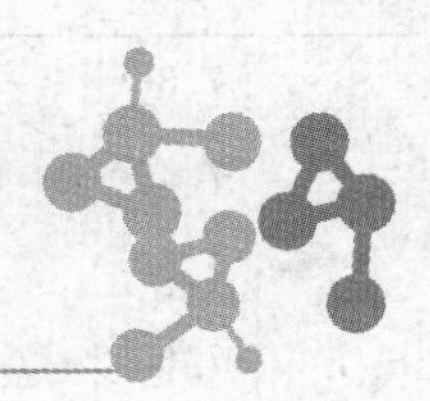

4.1 常用酸碱指示剂的配制

1. 酚酞指示剂

取酚酞 1 g，加 95 %乙醇 100 mL 使溶解，即得。变色范围为 pH 8.3 ～10.0（无色-红）。

2. 淀粉指示液

取可溶性淀粉 0.5 g，加水 5 mL 搅匀后，缓缓倾入 100 mL 沸水中，随加随搅拌，继续煮沸 2 min，放冷，取上清液即得。注：本液应临用前配制。

3. 碘化钾淀粉指示液

取碘化钾 0.2 g，加新制的淀粉指示液 100 mL。使溶解，即得。

4. 甲基红指示液

取甲基红 0.1 g，加氢氧化钠液（0.05 $mol \cdot L^{-1}$）7.4 mL 使溶解，再加水稀释至 200 mL，即得。变色范围为 pH 4.2～6.3（红-黄）。

5. 甲基橙指示液

取甲基橙 0.1 g，加水 100 mL 使溶解，即得。变色范围为 pH 3.2～4.4（红—黄）。

6. 中性红指示液

取中性红 0.5 g，加水使溶解成 100 mL，过滤，即得。变色范围为 pH 6.8～8.0（红—黄）。

7. 孔雀绿指示液

取孔雀绿 0.3 g，加冰醋酸 100 mL 使溶解，即得。变色范围为 pH 0.0～2.0（黄—绿）；11.0～13.5（绿—无色）。

8. 对硝基酚指示液

取对硝基酚 0.25 g,加水 100 mL 使溶解,即得。

9. 刚果红指示液

取刚果红 0.5 g,加 10 %乙醇 100 mL 使溶解,即得。变色范围为 pH 3.0～5.0(蓝-红)。

10. 结晶紫指示液

取结晶紫 0.5 g,加冰醋酸 100 mL 使溶解,即得。

4.2 常用酸碱试液配制及其相对密度、浓度

名称	化学式	相对密度(20℃)	质量分数/%	质量浓度/($g \cdot mL^{-1}$)	物质的量浓度/($mol \cdot L^{-1}$)	配制方法
浓盐酸	HCl	1.19	38	44.30	12	
稀盐酸	HCl			10	2.8	浓盐酸 234 mL 加水至 1 000 mL
浓硫酸	H_2SO_4	1.84	96～98	175.9	18	
稀硫酸	H_2SO_4			10	1	浓硫酸 57 mL 缓缓倾入约 800 mL水中,并加水至1 000 mL
浓硝酸	HNO_3	1.42	70～71	99.12	16	
稀硝酸	HNO_3			10	1.6	浓硝酸 105 mL 缓缓加入约 800 mL水中,并加水至1 000 mL
冰醋酸	CH_3COOH	1.05	99.5	104.48	17	
稀醋酸	CH_3COOH			6.01	1	冰醋酸 60 mL 加水稀释至 1 000 mL

续表

名称	化学式	相对密度(20℃)	质量分数/%	质量浓度/($g \cdot mL^{-1}$)	物质的量浓度/($mol \cdot L^{-1}$)	配制方法
高氯酸	$HClO_4$	1.75	70～71		12	
浓氨溶液	$NH_3 \cdot H_2O$	0.90	25～27 NH_3	22.5～24.3 NH_3	15	
氨试液(稀氢氧化氨液)		0.96	10 NH_3	9.6 NH_3	6	浓氨液 400 mL 加水稀释至 1 000 mL

4.3 常用有机溶剂及其主要性质

名称	化学式	相对分子质量	熔点/℃	沸点/℃	溶解性	性 质
甲醇	CH_3OH	32.04	－97.8	64.7	溶于水、乙醇、乙醚、苯等	无色透明液体。易被氧化成甲醛。其蒸汽能与空气形成爆炸性的混合物。有毒,误饮后,能使眼睛失明。易燃,燃烧时生成蓝色火焰
乙醇	C_2H_5OH	46.07	－114.10	78.50	能与水、苯、醚等许多有机溶剂相混溶。与水混溶后体积缩小,并释放热量	无色透明液体,有刺激性气味,易挥发。易燃。为弱极性的有机溶剂
丙醇	C_3H_7OH	60.09	－127.0	97.20	与水、乙醇、乙醚等混溶	无色液体,对眼睛有刺激作用。有毒,易燃
丙三醇(甘油)	$C_3H_8O_3$			180	易溶于水,在乙醇中溶解度较小,不溶解于醚、苯和氯仿	无色有甜味的黏稠液体。具有吸湿性,但含水到 20 %就不再吸水

续表

名称	化学式	相对分子质量	熔点/℃	沸点/℃	溶解性	性质
丙酮	C_3H_6O	58.08	−94.0	56.5	与水、乙醇、氯仿、乙醚及多种油类混溶	无色透明易挥发的液体，有令人愉快的气味。能溶解多种有机物，是常用的有机溶剂。易燃
乙醚	$C_4H_{10}O$	74.12	−116.3	34.6	微溶于水，易溶于浓盐酸，与醇、苯、氯仿、石油醚及脂肪溶剂混溶	无色透明易挥发的液体，其蒸汽与空气混合极易爆炸。有麻醉性。易燃，避光置阴凉处密封保存。在光下易形成爆炸性过氧化物
乙酸乙酯	$C_4H_9O_2$	88.1	−83.0	77.0	能与水、乙醇、乙醚、丙酮及氯仿等混溶	无色透明易挥发的液体。易燃。有果香味
苯	C_6H_6	78.11	5.5（固）	80.1	微溶于水和醇，能与乙醚、氯仿及油等混溶	白色结晶粉末，溶液呈酸性。有毒性，对造血系统有损害。易燃
甲苯	C_7H_8	92.12	−95	110.6	不溶于水，能与多种有机溶剂混溶	无色透明有特殊芳香味的液体，易燃，有毒
二甲苯	C_8H_{10}	106.16		137～140	不溶于水，与无水乙醇、乙醚、三氯甲烷等混溶	无色透明液体，易燃，有毒。高浓度有麻醉作用
苯酚	C_6H_5OH	94.11	42	182.0	溶于热水，易溶于乙醇等有机溶剂。不溶于冷水和石油醚	无色结晶，见光或露置空气中变为淡红色。有刺激性和腐蚀性。有毒
氯仿	$CHCl_3$	119.39	−63.5	61.2	微溶于水，能与醇、醚、苯等有机溶剂及油类混溶	无色透明有香甜味的液体，易挥发，不易燃烧。在光和空气中的氧气作用下产生光气。有麻醉作用

续表

名称	化学式	相对分子质量	熔点/℃	沸点/℃	溶解性	性质
四氯化碳	CCl_4	153.84	−23（固）	76.7	不溶于水，能与乙醇、苯、氯仿等混溶	无色透明不燃烧的液体。可用于灭火。有毒
二硫化碳	CS_2	76.14	−111.6	46.5	难溶于水，能与乙醇等有机溶剂混溶	无色透明的液体，有毒，有恶臭，极易燃
石油醚				30～70	不溶于水，能与多种有机溶剂混溶	是低沸点的碳氢化合物的混合物。有挥发性，极易燃，和空气的混合物有爆炸性
甲醛	CH_2O	30.03	120～170（多聚乙醛）		能与水和乙醇等混合。30%～40%的甲醛水溶液称为福尔马林，并含有5%～15%的甲醇	无色透明液体，遇冷聚合变混，形成多聚甲醛的白色沉淀。在空气中能逐渐被氧化成甲酸。有凝固蛋白质的作用。避光，密封，15℃以上保存。有毒
乙醛	CH_3CHO	44.05		20.8	能与水和乙醇任意混合	无色透明液体，久置聚合并发生浑浊或沉淀。易挥发。乙醛气体与空气混合后易引起爆炸
二甲亚砜	CH_3SOCH_3		18.5	189	能与水、醇、醚、丙酮、乙醛、吡啶、乙酸乙酯等混溶，不溶于乙炔以外的脂肪烃化合物	有刺激性气味的无色黏稠液体，有吸湿性。常用作冷冻材料时的保护剂。为非质子化的极性溶剂，能溶解二氧化硫、二氧化氮、氯化钙、硝酸钠等无机盐
乙二胺四乙酸	$C_{10}H_{16}N_2O_8$	292.25	240		溶于氢氧化钠、碳酸钠和氨溶液，不溶于冷水、醇和一般有机溶剂	白色结晶粉末，能与碱金属、稀土元素、过度金属等形成极稳定的水溶性络合物，常用作络合试剂

续表

名称	化学式	相对分子质量	熔点/℃	沸点/℃	溶解性	性质
吐温	80				能与水及多种有机溶剂相混溶，不溶于矿物油和植物油	浅粉红色油状液体。有脂肪味

附录 5 常用仪器的使用

5.1 容量玻璃仪器的使用方法

容量仪器有装量和卸量两种。量瓶和单刻度吸管为装置仪器。滴定管、一般吸管和量筒等均为卸量仪器。近年来，自动取样器已广泛应用于生理生化教学和科学研究中，是一种取液量连续可调的精密仪器，使用极为方便。

1. 吸管

吸管是生理生化实验中最常用的卸量容器。移取溶液时，如吸管不干燥，应预先用所吸取的溶液将吸管冲洗 2～3 次，以确保所吸取的操作溶液浓度不变。吸取溶液时，一般用右手的大拇指和中指拿住管颈刻度线上方，把管尖插入溶液中。左手拿吸耳球，先把球内空气压出，然后把吸耳球的尖端接在吸管口，慢慢松开左手指，使溶液吸入管内。当液面升高至刻度以上时，移开吸耳球，立即用右手的食指按住管口，大拇指和中指拿住吸管刻度线上方，再使吸管离开液面，此时管的末端仍靠在盛溶液器皿的内壁上。略为放松食指，使液面平稳下降，直到溶液的弯月面与刻度标线相切时，立即用食指压紧管口，取出吸管，插入接收器中，管尖仍靠在接收器内壁，此时吸管应垂直，并与接收器约呈 15°夹角。松开食指让管内溶液自然地沿器壁流下。遗留在吸管尖端的溶液及停留的时间要根据吸管的种类进行不同处理。

(1)无分度吸管(单刻度吸管，移液管)　使用普通无分度吸管卸量时，管尖所遗留的少量溶液不要吹出，停留等待 3 s，同时转动吸管。

(2)分度吸管(多刻度吸管、直管吸管)　分度吸管有完全流出式、吹出式和不完全流出式等多种。

①完全流出式：上有零刻度，下无总量刻度的，或上有总量刻度，下无零刻度的为完全流出式。这种吸管又分为慢流速、快流速两种。按其容量和精密度不同，慢流速吸管又分为A级与B级，快流速吸管只有B级。使用时A级最后停留15 s，B级停留3 s，同时转动吸管，尖端遗留液体不要吹出。

②吹出式：标有“吹”字的为吹出式，使用时最后应吹出管尖内遗留的液体。

③不完全流出式：有零刻度也有总量刻度的为不完全流出式。使用时全速流出至相应的容量标刻线处。

为便于准确快速地选取所需的吸管，国际标准化组织统一规定，在分度吸管的上方印上各种彩色环，其容积标志如附表5-1所示。

附表5-1 分度吸管

项目	标称容量/mL									
	0.1	0.2	0.25	0.5	1	2	5	10	25	50
色标	红	黑	白	红	黄	黑	红	橘红	白	黑
标注方式	单	单	双	双	单	单	单	单	单	单

不完全流出式在单环或双环上方再加印一条宽1～1.5 mm的同颜色彩环以与完全流出式分度吸管相区别。

(3)使用注意事项

①应根据不同的需要选用大小合适的吸管，如欲量取1.5 mL的溶液，显然选用2 mL吸管要比选用1 mL或5 mL吸管误差小。

②吸取溶液时要把吸管插入溶液深处，避免吸入空气而将溶液从上端溢出。

③吸管从液体中移出后必须用滤纸将管的外壁擦干，再行放液。

2. 滴定管

可以准确量取不固定量的溶液或用于容量分析。常用的常量滴定管有25 mL和50 mL两种，其最小刻度单位是0.1 mL，滴定后读数时可以估计到小数点后2位数字。在生物化学和生理工作中常使用2 mL和5 mL半微量滴定管。这种滴定管内径狭窄，尖端流出的液滴也小，最小刻度单位是0.01～0.02 mL，读数可到小数点后第3位数字。在读数以前要多等候一段时间，以便让溶液缓慢流下。

3. 量筒

量筒不是吸管或滴定管的代用品。在准确度要求不高的情况下，用来量取相

对大量的液体。不需加热促进溶解的定性试剂可直接在具有玻璃塞的量筒中配制。

4. 容量瓶

容量瓶具有狭窄的颈部和环形的刻度。是在一定温度下(通常为 20℃)检定的,含有准确体积的容器。使用前应检查容量瓶的瓶塞是否漏水,合格的瓶塞应系在瓶颈上,不得任意更换。容量瓶刻度以上的内壁挂有水珠会影响准确度,所以应该洗得很干净。所称量的任何固体物质必须先在小烧杯中溶解或加热溶解,冷却至室温后才能转移到容量瓶中。容量瓶绝不应加热或烘干。

5.2 称量仪器的使用方法

生理生化实验中常用的称量仪器有台秤和光学天平。目前,不同型号的电子天平应用也很普遍,它具有实用、快速和称量范围大的特点。

(一)台秤

台秤又称药物天平是用于粗略称量的仪器。常用的有 100 g (感量 0.1 g)、200 g (感量 0.2 g)、500 g (感量 0.5 g)和 1 000 g (感量 1 g) 4 种。其使用方法如下:

(1)根据所称物品的重量选择合适的台秤。

(2)将游码移至标尺“0”处,调节横梁上的螺丝使指针停止在刻度中央或使其左右摆动的格数相等。

(3)将称量用纸或玻璃器皿(易吸潮的药品称重时应放在带盖的器皿中)放在左盘上,砝码放在右盘上。使指针重新平衡摆动,则右盘上的砝码总量(包括游码代表的重量)即代表左盘上称量用纸(或器皿)的重量,记录此重量。

(4)向纸或器皿中加入称重的物品再向左盘上加砝码使重新达到平衡,将所得砝码总重减去纸或容器的重量即得所称物品的重量。

(5)必须用镊子夹取砝码,加砝码的顺序是从大到小。

(6)称量完毕,将游码重新移至“0”处,清洁称重盘,放回砝码。

(二)光学天平

1. 使用方法

(1)被称物要称准到 1 mg 时才准使用分析天平。被称物重量不得超过天平

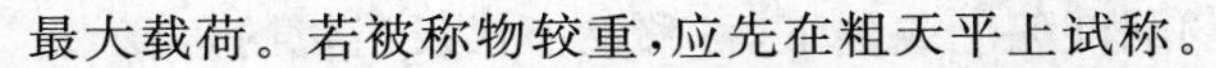

最大载荷。若被称物较重,应先在粗天平上试称。

(2)在同一次实验中应使用同一台天平和同一盒砝码。不同砝码盒内之砝码不能随意调换。

(3)每次称量前检查天平位置是否水平,零点偏差多少。零点偏差超过 1 mg 时,需调整后再用。

(4)天平机构有任何损坏或不正常情况时,在未消除故障以前应停止使用。

(5)使用过程中要特别注意保护玛瑙刀口,起落升降横梁时应缓慢,不得使天平剧烈振动。

(6)取放被称物或加减砝码都必须把天平横梁托起(关闭天平)以免损坏刀口。

(7)被称物的温度必须和天平室的室温一致。

(8)被称物须盛在干净的容器中称量。具有腐蚀性的蒸气或吸湿性的物质必须放在密闭的容器内称量。

(9)被称物和砝码要放在天平盘的中央。

(10)天平的前门不得随意打开。称量过程中只能打开左右两个边门。取放物品或加减砝码时开关门要轻而慢。称量时天平的各玻璃门要紧闭。

(11)必须用镊子夹取砝码,严禁用手拿取。按从大到小顺序缓慢增加砝码。加环码时要注意避免环码跳落或变位以致影响称量数据。

(12)使用完毕后必须将天平横梁托住(将开关手柄关闭,最好取下),然后将砝码放回原位(包括盒砝码和环砝码)。清洁天平,断开电源,再用罩把天平罩好。必须登记使用情况后方可离开天平室。

2.天平的调整(较大的调整应由保管天平的专人或教师进行)

(1)调水平:用天平前位两个底脚螺丝调正水准器。气泡在水准器正中央即为水平。

(2)调零点:即使微量标尺上的 0 点与游标(光屏)刻线完全重合。

①较大的零点　调整可移动横梁上左右平衡螺丝的位置。

②较小的零点　调整即微量标尺“ 0 ”点与游标(光屏)刻线相距 3 格以内,可转动底板下面的拨杆。

(3)调光学系统:

①射影颜色　若灯光射影显示干扰的颜色,明暗不一,可转动和移动聚光镜的位置。

②射影不正　如光学投影上的刻度偏上或偏下，可移动一次反射镜的角度来调整。

③射影明晰性　如光学投影上的射影不清晰或重线，可调放大镜的距离。

(4)调感量：用重心螺丝调感量，重心螺丝向上移动时感量增大，重心螺丝向下移动时感量减小。没有一定经验的人，不要随意自行调整感量。

(5)调秤盘摩擦的适度：当天平停止使用时，秤盘应正好与下面的托盘轻微接触，如托盘太高或太低，可将托盘拨下，调整托盘螺丝的长短使其摩擦适度。

(6)当天平开动后，光学投影在停止前应左右摆动自如。如摆动突然停止，则指针阻尼器等发生摩擦，应仔细检查各部分安装是否正确然后纠正其不正确处，让天平自由地摆动。

3. 注意事项(天平应固定专人管理，定期复检、调整及维护)

(1)天平室要保持高度清洁，清扫天平室时，只能用带潮气的布擦拭，决不能用湿透的拖把拖地。潮湿物品切勿带入室内，以免增加湿度。

(2)应随时清洁天平外部，至少1周清洁1次。一般可用软毛刷，绒布或麂皮拂去天平上的灰尘，清洁时注意不得用手直接接触天平零件，以免水分遗留在零件上引起金属氧化和量变。因此应戴细纱手套或极薄的胶皮手套，并顺其金属光面条纹进行，以免零件光洁度受损。为避免有害物质的存留，在每次称量完毕后，应立即清洁底座。横梁上之玛瑙刀口的工作棱边应保持高度清洁，常使用麂皮顺其棱边前后滑动，用慢速清洁，中刀承和边刀垫之玛瑙平面及各部之玛瑙轴承也用麂皮清洁。阻尼器的壁上可用软毛刷和麂皮清洁后，再用20～30倍放大镜观察是否仍有细小物质的存在。

(3)天平玻璃框内需放防潮剂，最好用变色硅胶，并注意更换。

(4)在天平和砝码附近应放有该天平和砝码实差的检定合格证书，以便衡量时获得准确的必要数据。

(5)搬动天平时一定要卸下横梁、吊耳和秤盘。远距离搬动还要包装好。箱外应标志方向和易损符号，并注有精密仪器切勿倒置等字样。

5.3 分光光度计

(一)721 型分光光度计

1. 操作方法

(1)在接通电源之前,应该对于仪器的安全性进行检查,电源线接线应牢固,通地要良好,各个调节旋钮的起始位置应该正确。

(2)电表的指针必须位于零刻线上。若指针偏离,则可用电表上的校正螺丝进行调节。

(3)将仪器的电源接通,打开比色皿暗箱盖,使电表指针处于零位。预热20 min后,才能使用。

(4)调节波长旋钮至所需用的单色光波长,选择相应的放大灵敏度挡,再用零位电位器校正电表指针指在零位。

(5)将预先装好空白溶液和待测溶液的比色皿依次放入暗箱内的比色皿架上。此时空白溶液应位于光路上。盖上暗箱,使光电管见光,旋转光量调节器,使光电管输出的光电讯号能使电表指针正确处于 100%。

(6)按上述方法连续几次调整零位和使电表指针指在 100%后,即可进行测定工作。

(7)在最后一次调节电表指针,使它指在透光率 100%后,轻拉比色皿定位装置的拉杆,使待测溶液进入光路。此时由标尺上可直接读出光吸收值和透光率的读数。

2. 注意事项

(1)可根据不同的单色光波长,和光能量选用放大器灵敏度挡。各挡的灵敏度范围是:第一挡×1 倍,第二挡×10 倍,第三挡×20 倍。原则是能使空白挡良好地用光量调节器调整于 100%处。

(2)仪器底部放有 2 只干燥剂筒,用以保持仪器的干燥,此外在仪器停止工作期间,在比色皿暗箱内,塑料仪器套内都应放防潮硅胶袋。

(3)仪器的连续使用时间不应超过 2 h。使用后必须间歇 0.5 h,才能再用。

(4)务必保持比色皿透光面的清洁。不要用手摸比色皿的光滑的表面,更不要用毛刷刷洗比色皿,以免影响读数的准确。

(5)脏的比色皿可浸泡在肥皂水中,然后再用自来水和蒸馏水冲洗干净。倒置晾干备用。

(6)比色皿外边沾有水或待测溶液时,可先用滤纸吸干,再用镜头纸揩净。

(7)把比色皿放入比色皿架时,要注意尽量使它们的位置前后一致。

(8)测定时应尽量使被测溶液的光吸收值在 0.1~0.65 范围内。

(9)仪器的周围应干燥。仪器使完后,应该用塑料套子罩住,并在套子内放数袋防潮硅胶。

(10)经常注意单色光器的防潮硅胶是否受潮,并及时调换或烘干。

(二)722S 分光光度计

与 721 相比具有更宽广的光谱范围,包含了现代比色分析与生化及酶分析常用的 340~400 nm 近紫外段和 800~1 000 nm 的近红外段。

1.操作方法

(1)预热:打开样品槽盖,打开电源,预热 20 min。(注意:预热或者使用间隔期,将样品槽盖打开,数字显示窗口显示 TRANS 值,目的是减少光电管的使用时间,延长其寿命)

(2)调整波长:使用波长调节旋钮,具体波长由旋钮一侧的显示窗显示。

(3)调零:按"0%"键,即能自动调整零位。

(4)样品液准备:将空白对照和样品液分别装入比色皿。比色皿有光面和毛面,手拿毛面,如有液体漏到比色皿外壁,以吸水纸轻轻擦去。

(5)调整 100%T:将用作背景的空白样品置入样品室光路中,盖下试样盖(同时打开光门),按下"100%T"键即能自动调整 100%T。(注意:调整 100%T 时整机自动增益系统重调可能影响 0%,调整后请检查 0%,如有变化可重调 0%一次)

(6)测量:用仪器前面的拉杆来改变样品位置,打开样品室盖以观察样品槽中的样品位置最靠近测试者的为"0"位置,依次为"1""2""3"位置。当拉杆到位时有定位感,到位时请前后轻轻推动一下以确保位置正确。按 MODE 键使读数窗口显示 ABS 值,将样品进入光路,读取 ABS 值,做好记录。

(7)清洁:测完样品后,看是否污染仪器进行适当处理,关掉电源,做好仪器使用记录。

2.注意事项

(1)每台仪器所配套的比色皿,不能与其他仪器的比色皿单个调换。

(2)每次测试完毕或更换样品液时须打开样品池盖，数字显示窗口显示TRANS值，以防光照过久使光电管疲劳。

(3)调整100%T时整机自动增益系统重调可能影响0%，调整后请检查0%，如有变化可重调0%一次。

(4)其他见721型分光光度计注意事项。

(三)SP-721(E)/722(E)可见分光光度计

1.使用方法

(1)仪器接通电源，开机，预热20 min。

(2)旋动波长调节旋钮到测试波长位置；按“0A/100%T”键，使吸光度显示为.000。

(3)测定。

吸光度测试：仪器默认显示状态为“A”(其他状态下可按“MODE”键，选择A方式)，把参比物质放入光路，按“0A/100%T”键，扣除空白吸光度(显示.000)，然后把待测样品放入光路，显示值即为样品的实际吸光度。

透过率测定：按“MODE”键，选择T方式，把参比物质放入光路，按“0A/100%T”键，扣除空白值(显示100.0)，然后把待测样品放入光路，显示值即为样品的实际透过率。

(4)测试结束，及时将样品室中的样品取出，关闭仪器电源。

2.注意事项

(1)比色皿架有四个槽位(对光位置)，拉杆往里推到底时处在槽位1，往外拉动一档为挡光位置，接下来依次为槽位2、槽位3、槽位4。

(2)测试前先检查：透过率模式下，挡光位置，透过率是否显示为00.0%T。否则要调整暗电流，按“0%T”键，使透过率显示为00.0%T；返回对光位置，仍能显示100.0%T，否则重新调100%T。仪器在调100%T的过程中，请勿急着打开样品室盖，等调整完成显示100%T(0A)后再进行有关操作。

(3)在某特定波长下测试，每次改变波长后，要重新调100%T的。

(4)仪器执行各项操作(包括调100%T、0%T)的前提是：样品室盖必须合上。

(5)“MODE”为T，对光位置，调100%T；拉一下至挡光位置(或对光位置放挡光体)，调0%T。

(四)751G 型分光光度计

1.操作方法

(1)检查电源电压是否与仪器所要求的电压相符,然后再插上电源插头。

(2)根据测定所要求的波长选择光源灯。在波长 320～1 000 nm 范围内用钨灯。在波长 200～320 nm 范围内,用氢弧灯作为光源。拨动光源选择杆使所需要的光源灯进入光路。根据需要可以把滤光片推入光路,以减少杂散光,但通常情况下没有这种必要。把波长刻度旋到所要的波长上。

(3)检查仪器的各种开关和旋钮使处于关闭位置。然后再打开电源开关,使仪器预热 20 min。

(4)选择适当波长的光电管。如测定的波长在 200～625 nm 范围内,用紫敏光电管,此时应将手柄推入。如测定的波长在 625～1 000 nm 范围,用红敏光电管,应将手柄拉出。

(5)根据波长选择比色皿。测定的波长在 350 nm 以上时,用玻璃比色皿。测定波长在 350 nm 以下时,则需用石英比色皿。在比色皿中装好溶液,放在暗箱内的托架上,然后把暗箱盖好。

(6)把选择开关拨到"校正"位置上。调节暗电流使电表指针指到" 0 "。为了得到较高的准确度,每测量一次都应校正一次暗电流。

(7)在一般情况下,旋转灵敏度旋钮从左边停止位置顺时针转动三圈左右。

(8)旋转读数钮,使刻度盘位于透光率 100 %位置上。把选择开关拨到"× 1 "处,然后拉开暗电流闸门,使单色光进入光电管。

(9)调节狭缝,使电表指针接近零位。而后再用灵敏度旋钮细致调节,使电表指针正确地指在" 0 "上。

(10) 把比色皿定位装置的拉杆轻轻地拉出一格(注意应使滑板处在定位槽中),使试样溶液进入光路,这时电表指针偏离零位。

(11)转动读数电位器旋钮,重新使电表指针移到" 0 "位上,此时刻度盘上的读数即为试样的透光率和相应的光吸收值。

(12)取得读数后,应即时将暗电流闸门重新关上,以保护光电管,防止受光时间过长而疲劳。

(13)在读取透光率和相应消光值的数值时,若选择开关在"× 1 "处,透光率范围为 0%～ 100%,相应消光值范围由∞～0 。当透光率小于 10%时,则可把选

择开关拨到“× 0.1 ”位置，此时所读取的透光率数值，应以 10 除之。而所读出的消光值应加上 1.0 。

(14)需要用同一标准溶液测定几个样品时，可重复以上的操作。

(15)测定完后，应把各个旋钮和开关复原和关闭，拔下插销，并把仪器罩好。

2. 注意事项

(1)在电压变动较大的地方，应使用稳压器，以确保仪器稳定工作。

(2)其他见 721 型分光光度计注意事项。

(五)UV-1600 紫外可见分光光度计

1. 操作方法

(1)打开主机开关，10 s 后有继电器吸合声音，按“ ENTER”键，出现自检正常信号“OK”(附图 5-1)，预热 15 min。若出现问题则显示“ERR”。

(2)自检结束后，按“RETURN”键进入主菜单(附图 5-2)，可自选 5 项功能。如进行光度测量，可按数字键“2”。

自检	钨灯	OK
	氘灯	OK
	滤色片	OK
	灯定位	OK
	样池定位	OK
	波长定位	OK

附图 5-1　自检菜单

主菜单

1. 波长扫描
2. 光度测量
3. 定量分析
4. 时间扫描
5. 系统设置

附图 5-2　主菜单

(3)选择其中一项如光度测量，按“F1”进入波长扫描参数设置(比色皿校正，关、换灯点 340，一般不动)，所需样品数通过↑箭头或↓箭头键将光标停在相应的选项，按“ENTER”键确认，所需波长按“GOTO”键，重新设置波长按数字键“ENTER”设置。

(4)装入比色皿，盖上样池盖后，按“F2”出现提示“要运行吗?”，按“ENTER”键确认，下方出现“要校正比色皿吗?”，如果校正，按“ENTER”，等“OK”出现，如不校正，按“CE”。测量结束后，查询数据按“—”，打印按“F4”。

(5)测量完毕，按“RETURN”退回到主菜单，可关主机。

2.注意事项

(1)弄清样池号:站在仪器前面,打开样品室,靠近操作者的第一个样池为1号样池,往远离操作者的方向依次为2、3、4、5、6、7、8号样池。测量时,8号样池应放参比试样。

(2)操作提示中,按"ENTER"键表示对询问的确认,按"CE"键表示对询问的否定。

(3)进入功能操作后,请不要无目的地触摸键盘,以免误操作。

(4)测量运行时,不要随便打开样品室盖。

(5)本仪器采用模块化方法设计软件,各功能模块是相互独立的。只要在操作过程中不进行波长校正,各功能模块保存各自最后测量的数据。但是,断电后测量数据将丢失,所以断电前或者重新测量前,请及时保存有价值的图谱或数据。

(6)允许用酒精、汽油、乙醚等有机溶液擦洗仪器。

(7)如果不用紫外波段,可在仪器自检结束后关闭氘灯,以延长其寿命。

仪器不正常工作时,应该认真观察现象,最好记录下来,并报告老师,为维护人员创造条件。

5.4 离心机

离心机是利用离心力把比重不同的固体或液体分开的装置。离心技术广泛应用于工业、农业、医药、生物等科学研究领域中。根据转速的不同,可分为低速、高速和超速等不同类型。生理生化实验室经常使用的是低速电动离心机,它们的最高转速是4 000 $r \cdot min^{-1}$。

(一)L-500低速自动平衡离心机

1.操作方法

(1)开箱后,将离心机放置于桌或平面台板上,使离心机底面四只橡胶机脚与桌面接触,均匀受力。

(2)插上电源插座,按下电源开关(开关在离心机背面),接通电源。

(3)按STOP键,打开门盖。离心管加液放入管套(离心管试液目测均匀)。离心管必须成偶数对称放置,否则会产生振动和噪声。

(4)关上门盖,使门盖锁紧。如果未关上门盖或门盖未锁紧,离心机不能启动运转,时间窗口显示 E4 号故障。

(5)设置转速和时间。

①设置转速:按 SET 键及▲/▼键,选择离心机本次工作的转速。离心机程序已锁定最高转速 5000 r/min。

②设置时间:按 SET 键及▲/▼键,选择离心机本次工作的时间。时间为倒计时。

③当上述步骤完成后,按 ENTER 键确认上述所设定的转速和时间。

(6)启动和停止运行

①启动:按 START 键启动离心机运转,运行指示灯亮。

②自动停止:运行时间倒计时到零,离心机自动减速停止运行,停止指示灯亮,当转速等于 0 r·min 时,蜂鸣器鸣叫 3 声,按 STOP 键打开门锁。

③人工停止:在运行中按 STOP 键离心机减速停止运行,停止指示灯亮。

(7)查看离心力:在运行中,如果要查看离心力,按下 RCF 键即显示当时转速相对应的离心力;再按 RCF 键又返回显示转速。

(8)短时离心:在接通电源并关上门盖后,按住 PULCE 键不动,离心机快速运转,松开后离心机自动停止。

(9)离心管的取出:离心机停止运转后,按 STOP 键打开门锁,将电源开关标有"O"符号一端按下,切断电源。将门盖打开,取出离心管。

(10)关闭电源:工作完成后,应关闭电源或拔出电源线插头。

2. 注意事项

(1)在离心机运行时,不要抬起或者移动离心机。

(2)在转子旋转时不要打开门盖。

(3)转子应在转子设计转速内使用,严禁超速使用。

(二)LXJ-ⅡB 型低速大容量多管离心机

1. 操作方法

(1)插上电源,待机指示灯亮;打开电源开关。

(2)设定机器的运转时间

①按一次"功能键(FUNC)",显示 CD00。

②按移位键◀ ▶和增减键▲、▼,选择时间设定功能码为 CD59。

③按一次"功能键(FUNC)"。

④按移位键◀、▶和增减键▲、▼,选择所需机器运转时间。(如:数码管显示 0.20 表示运转时间为 20 min,显示 1.20 则为 1 小时 20 min)

(3)设定机器的工作转速。

①按一次"功能键(FUNC)",显示 CD00。

②按移位键◀、▶和增减键▲、▼,选择时间设定功能码为 CD47。

③按一次"功能键(FUNC)"。

④按移位键◀、▶和增减键▲、▼,选择所需机器工作转速。(需要注意:设定值为实际转速/60,如实际需要 4 800 r/min,则应设定为 80.00)

(4)按运转键(OPERATE),离心机开始运转。

(5)在预先设定的运转时间内离心机开始减速,直至降为 0。

(6)按停止键(STOP),数码管显示 dcdT,数秒后即显示闪烁的转速值,可以进入下一次工作。

2. 注意事项

(1)离心前务须配平,盖好离心机内盖及上盖。

(2)在非 CD47、CD59 状态下请勿随意调动任何数值!!

5.5 干燥箱和恒温箱

干燥箱用于物品的干燥和干热灭菌,恒温箱用于微生物和生物材料的培养。这两种仪器的结构和使用方法相似,干燥箱的使用温度范围为 50～250℃,常用鼓风式电热以加速升温。恒温箱的最高工作温度为 60℃。

1. 使用方法

(1)将温度计插入座内(在箱顶放气调节器中部)。

(2)把电源插头插入电源插座。

(3)将电热丝分组开关转到 1 或 2 位置上(视所需温度而定),此时可开启鼓风机促使热空气对流。电热丝分组开关开启后,红色指示灯亮。

(4)注意观察温度计。当温度计温度将要达到需要温度时,调节自动控温旋钮,使绿色指示灯正好发亮,10 min 后再观察温度计和指示灯,如果温度计上所指温度超过需要,而红色指示灯仍亮,则将自动控温旋钮略向反时针方向旋转,直调

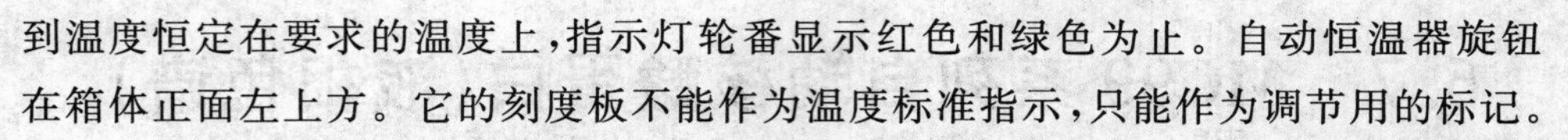

到温度恒定在要求的温度上，指示灯轮番显示红色和绿色为止。自动恒温器旋钮在箱体正面左上方。它的刻度板不能作为温度标准指示，只能作为调节用的标记。

(5)在恒温过程中，如不需要三组电热丝同时发热时，可仅开启一组电热丝。开启组数越多，温度上升越快。

(6)工作一定时间后，可开启顶部中央的放气调节器将潮气排出，也可开鼓风机。

(7)使用完毕后将电热丝分组开关全部关闭，并将自动恒温器的旋钮沿反时针方向旋至零位。

(8)将电源插头拔下。

2.注意事项

(1)使用前检查电源，要有良好地线。

(2)干燥箱无防爆设备，切勿将易燃物品及挥发性物品放入箱内加热。箱体附近不可放置易燃物品。

(3)箱内应保持清洁，放物网不得有锈，否则影响玻璃器皿洁度。

(4)使用时应定时监看，以免温度升降影响使用效果或发生事故。

(5)鼓风机的电动机轴承应每半年加油一次。

(6)切勿拧动箱内感温器，放物品时也要避免碰撞感温器，否则温度不稳定。

(7)检修时应切断电源 。

5.6 电热恒温水浴

电热恒温水浴用于恒温加热和蒸发，最高工作温度为100℃，此仪器利用控温器控制温度，所以工作原理和使用方法与干燥箱相似。但应注意使用前在水浴槽内加足量的水以避免电热管烧坏。如较长时间不使用，必须放尽水槽内的全部水。

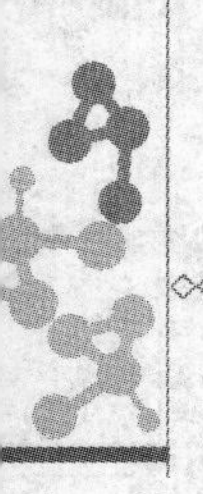

5.7 MC99 系列自动核酸蛋白(液相色谱)分离层析仪

自动液相色谱分离层析仪配备有自动部分收集器、电脑恒流泵、紫外检测仪、层析柱、记录仪或电脑采集器与计算机配合,组成快速、精确、重复性好的自动化中低压层析分离分析系统。该系统操作简便、自动化程度高,可自动进行检测记录、分部收集。可进行天然产物有效成分的分离分析、生物样品活性成分的分离制备、蛋白核酸等生物高分子的分离纯化等。

(一)使用方法

1. 准备工作

(1)将竖杆、安全阀、漏液报警板、梯度杯、硅胶管、层析柱、层析柱固定杆、层析柱固定夹、记录仪、滤光片按以下要求连接好。

①将"竖杆"插入仪器上面中后部的"竖杆"固定座中,同时旋紧固定螺钉。

②将"安全阀"安装在"竖杆"的上部,高低位置以"横杆"中的硅胶管出口比试管口略高 3～6 mm 为宜,同时将连线插头(四芯)插入仪器后面的"安全阀"插座中。

③将"漏液报警板"放入积液盘(黑色胶木圆盘)的方框中,同时将连接线插头插入仪器 后面板的"警控"插座中。

④将"梯度杯"座四脚放在机箱上部右边的四个小圆凹槽内,并将"搅拌磁棒"放入左杯内。

⑤将"硅胶管"装入恒流泵泵头,先向上拨动"压杆",使泵头"调整块"上升,把选择好的硅胶管居中放置在滚轮上,向下拨动"压杆"使泵头"调整块"下压压紧硅胶管,并左右向下拉紧硅胶管,再调整泵头两侧卡管装置(向内轻按后下压)卡住硅胶管防止转动时管子的窜动。

⑥将"层析柱固定杆"旋入仪器上部左后角的固定座中,把"层析柱固定夹"安装在固 定杆上,上下各一副,同时把"层析柱"固定在层析柱固定夹上,调整好合适高度后,旋紧各自的固定螺钉。

⑦按"记录仪"随机的说明书要求,安装好记录仪。将"记录仪"连接线一头插入仪器后面的"记录仪"插座中,并旋紧螺帽,另一头接到记录仪"信号柱"上,并请

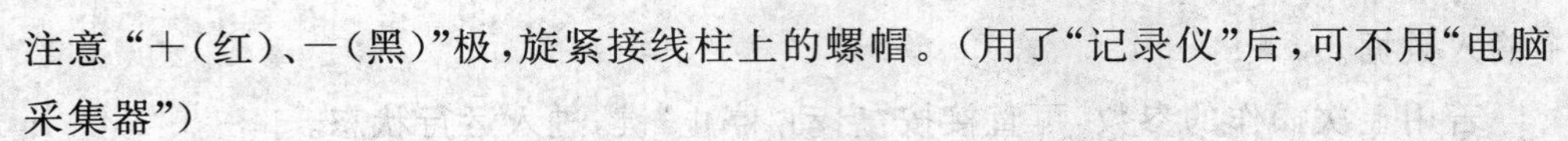

注意“+(红)、-(黑)”极,旋紧接线柱上的螺帽。(用了“记录仪”后,可不用“电脑采集器”)

⑧在断电状态下,将“滤光片选择器”调整到您所需要的波长。

(2)打开“总电源开关”,让检测仪预热30~60 min。

2. 样品(液体)流向及管路连接

缓冲液体、样品或梯度混合器(右杯)→恒流泵→层析柱进口(上)→层析柱出口(下)→检 测仪进口(下)→检测仪出口(上)→安全阀→横杆(MC99-2)或计滴传感器(MC99-3)→收集试管。

3. 系统调试

(1)收集器调试(MC99-2)

①试管盘的定位

a. 按“启动”键,接通收集器电源。

b. 将“手动/自动”键置于手动状态,“顺/逆”键置于“顺”的状态,按“手动”键,使试管架转至顶点(此时会报警),然后再将“顺/逆”键置于“逆”的状态,使滴管口在第一根试管的上方,调整滴管口高低、对准中心位置且固定牢。

②设置收集定时时间:

a. 按下“手动/自动”键,指示灯不亮,仪器处于手动收集状态了。

b. 按“置位”键,每按一次移动一个位置,根据您的需要设置定时时间,在闪烁的位置上通过“▲”或“▼”键设置该位的时间(点前二位分别为十分和分;点后二位分别为十秒和秒)。

③自动收集　时间设定完毕后按“手动/自动”键,指示灯亮,仪器进入自动收集状态,收集时间以秒递减至零时,仪器自动转一管,然后重新开始计时,当最后一管收集完毕后仪器会自动报警,等待操作者按“顺/逆”键,解除报警。若在收集过程中由于操作不当而发生漏液现象时,仪器也会自动报警,此时必须关闭电源,排除漏液故障后才能重新开机。

(2)收集器调试(MC99-3)

①数据输入:准备状态下(液晶屏显示“上海青浦沪西”及注册商标),可分别按“定时”、“定滴”、和“定峰”键,进入相应的状态。

a. 定时设定:通过“数字”键可对首管参数;末管参数;时、分、秒参数进行设定,按“确认”键,对输入的数字确认,并进入下一参数的设定。按“清零”键,删除上一

个输入数据。

若用上次操作的参数，可直接按“启动/停止”键，进入运行状态。

b. 定滴设定：同样，通过“数字”键可对首管、末管、定滴参数进行设定（使用该功能时，需配计滴头后方可工作）。

若用上次操作的参数，可直接按“启动/停止”键，进入运行状态。

c. 定峰设定：同样，通过“数字”键可对首管、末管、定峰参数进行设定（使用该功能时，也需配计滴头后方可工作）。

定峰参数中“定峰”指所需收集的峰值（1%～100%）；“长度”指紫外检测仪出口孔至滴管末端之间的长度（1～99 cm）；“管容”指试管的容量（1～12 mL）。

若需重复使用上次设定的参数，则可直接按“启动/停止”键或分别对其参数进行“确认”。

②自动收集

a. 定时收集：数据设定完毕，最后一次按“确认”键后，液晶屏显示定时运行画面，即进入定时收集工作状态。在收集过程中，若按“启动/停止”键，则停止定时收集，返回到准备状态。

b. 定滴收集：数据设定完毕，最后一次按“确认”键后，液晶屏显示定滴运行画面，即进入定滴收集工作状态。在收集过程中，若按“启动/停止”键，则停止定滴收集，返回到准备状态；在收集过程中，若发生断液报警，需按“启动/停止”键且注入液体后，收集继续进行。

c. 定峰收集：数据设定完毕，最后一次按“确认”键后，液晶屏显示定峰运行画面，即进入定峰收集工作状态。收集结束后报警，且显示收集的有效管号。在收集过程中，若按“启动/停止”键，则停止定峰收集，返回到准备状态。

以上正常收集时，收集器滴管口将首先停留在第一管（此时若按“清零”键可返回准备状态），等待操作者调整滴管口高低，对准第一管中心位置，并固定牢。然后再按“启动/停止”键在液晶屏现管位置后有“↓”闪动状态下，收集器则自动定位到所设定的首管号开始收集，末管号收集完后报警。等待按“启动/停止”键，解除报警，返回准备工作状态。

(3)恒流泵调试(MC99-2)

①按“启动”键，接通恒流泵电源。

②将恒流泵的流量调整到系统需要的流量，慢慢调节“调速”旋钮，用量杯测定

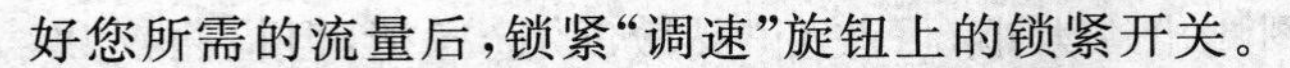

好您所需的流量后，锁紧“调速”旋钮上的锁紧开关。

③按“换向”键，可改变输液方向，使加液改为抽液，使加压改为抽压。

(4)恒流泵调试(MC99-3)

①按“启动/停止”键，接通恒流泵电源。

②在定时、定滴或定峰收集状态下，将恒流泵的转速调整到系统需要的流量转速。

③按“<>”键，可改变输液方向，使加液改为抽液，使加压改为抽压。

(5)梯度混合器调试

①按“启动”键，接通梯度仪电源。

②将梯度仪的调速旋钮调整到适当的混合转速。

③关闭(旋转方向向左)混合输出阀门，将浓缩液倒入右杯，打开(旋转方向向右)混合阀门，让溶液经过通道渗入左杯，立即关闭混合阀门。将另一稀释溶液倒入左杯，使两杯液位相同，然后再打开混合阀门，使两液面保持平衡。

④两杯之间通道内如果存有气泡，应设法将气泡除去后方能使用。

⑤打开输出阀门，根据需要的斜率，缓慢调节输出流量。

(6)检测仪调试

①仪器预热 30～60 min 后，可对检测仪进行调试。

②选择“记录仪”信号在 10 mV，走纸速度(3～6)cm·h^{-1}(可根据需要自行掌握)。

③检查检测波长是否正确。

④将“灵敏度”选择为 T 挡，“T”指示灯亮，调节“T”旋钮，使 T 为“100”(此时透过率“T”为 100%，“记录仪”指示在 10 mV 满刻度)。

⑤将“灵敏度”选择为 0.5 A 挡，“A”指示灯亮(0.5 A 为常用挡，也可选择其他挡，视样品出峰大小而定)。调节“A 调零”旋钮，使“A”为零(此时吸过度“A”为零，“记录仪”指示在 0 刻度上)。若有差异，可微调记录仪“调零”旋钮。

⑥根据实验要求，安装好层析柱，接通恒流泵电源，调节到合适的流速，使“缓冲液”流过检测仪“样品池”，并保证整个系统不出现气泡。此时，按以上(4.3.6.4)调节“T”旋钮，使透光率“T”为“100”，再按纵(4.3.6.5)调节“调零”旋钮，使吸光度“A”为“0”。此时系统达到平衡，可加样检测同时连接收集器，并使收集器处于自动状态，可实现自动检测和样品收集。当样品流过检测仪时，记录仪可根据样品浓

度绘出图谱(若要改变给出的图谱出峰大小,可改变“灵敏度”选择挡,但检测仪数码管显示不得大于100)。

MC99-3液晶屏能显示“定峰”收集到的有效管号、管数等参数和收集过程的实际波形曲线等。

4.绘制“T-h”、“A-h”图谱

(1)绘制“T-h”图谱(透过峰) 调节“T”旋钮,使记录仪记录笔在满量程位置(即 $T=100\%$),当洗脱样品流过检测仪时,记录仪即可自动绘制出“透过率”T 随“时间”h 变化的图谱。

(2)绘制“A-h”图谱(吸受峰) 按下“T”键,调节“T”旋钮,使透过率为100%,然后按下“0.5 A”键,调节“A 调零”旋钮使吸光度 A 为零(即记录仪记录笔在零位)作为基线(为防止系统出现漂移,基线亦可调节在大于零的位置上,如记录仪满量程1/10的位置上,读取 A 值时注意扣除此数值)。当洗脱样品流过检测仪时,记录仪即可绘制出吸光度 A 随时间 h 变化的图谱。选取吸光度量程视样品浓度和吸受峰大小而定,通常选取“0.5 A”挡,能满足一般实验需要。

2.注意事项

(1)必须使用标准的三芯电源插座,且接地良好,以确保使用安全。

(2)在安装连接过程中必须断电关机操作,待安装检查完毕后,再可开机调试,以免损坏机器。

(3)安装“层析柱”时,定位后必须旋紧各自的固定螺钉,以免固定不稳后造成“层析柱”的 损坏。

(4)每次使用前必须对收集器重新定位(如要从内圈向外圈收集时,必须在内圈终点报警时,复位后重新定位,此时的第一管为内圈的第一管。MC99-3会自动定位)。

(5)试管盘与仪器是单独配置的,不能与其他仪器混用。万一配错可通过试管盘上的编号和仪器后面板上的编号重新配置,使编号一致后才能正常使用。

(6)硅胶管是易损件,使用一段时间后要及时更换。

(7)仪器应避免在强光下工作。在仪器通电情况下不得取出“样品池”和选择滤光波长,以免仪器受损。

(8)数字显示的“吸光度”和记录仪自动绘制“吸光度”的图谱是两个互相独立的检测系统。

(9)在使用前必对整个系统进行清洗,以保证系统的精度。

(10)层析系统平衡后(一般装柱后须平衡数小时),在开始加样前再校对一次"T"100%和"吸光度"零基线,加样后不可再调节"检测仪"所有旋钮。

(11)MC99-3与泵配套使用时,则必须将恒流泵设置在恒速工作状态。

(12)MC99-3定滴、定峰收集时,计滴头内孔必须保持清洁不可残留任何杂物及灰尘。

(13)MC99-3在正常使用过程中不可将安全阀、警控扦头等拨出,若要扦拨则必须在关闭电源后进行。

(14)实验结束后,必须马上对系统进行清洗(将"样品池"进口接入恒流泵,用蒸馏水清洗10 min以上),不然会污染"样品池"和"层析柱",再次使用时会影响检测数据的准确性,严重的会造成系统不能正常工作,尤其会对检测仪的"样品池"造成永久性的污染,这必须更换"样品池"才能正常工作。清洗结束后关闭电源。

(15)本仪器不宜输送有机溶剂和强酸强碱溶剂。

5.8 DYY-6C电泳仪

电泳仪是提供电泳的专用电源设备,作电泳时应配合所需不同型号的电泳槽共同工作。在医院临床化验中,在公安、政法工作检测中,在大专院校实验室工作中进行电泳时使用该仪器。

1. 操作方法

(1)按下电源开关,并确认与有接地保护的电源插座相连。

(2)按颜色接好电泳槽与电泳仪的连接导线,并装入电泳样品。有关电泳样品的详细操作参看电泳槽的使用说明。

(3)确认电源符合要求后,开启仪器的电源开关。

(4)此时"液晶显示屏"显示"欢迎使用DYY-6C型电泳仪"字样。

同时,仪器蜂鸣4声后,液晶屏显示上一次工作的设定值。

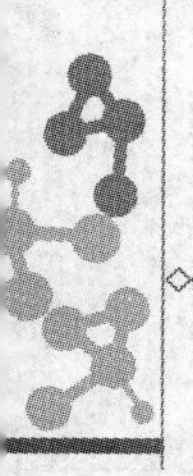

Us＝400 V←
Is＝400 mA
Ts＝1∶30
T＝1∶00—start
T＝0∶00—Go on

对于每次重复使用同一参数时，即可直接选择 Start 后启动输入。

(5)设置工作程序

①如要改变其数值可按“▲”“▼”按键，每按一次改变一个数字量，如希快速改变可按住按键不放松，则数值会连续快速改变，当到达所需数值时松开即可。

②如希望查看并设置电压、电流和定时时间，可以按“选择”键，此时“←”指示相应位置，同样，其数量有上下调节键控制。

③设定定时的范围为：1 min 至 99 h 59 min。

(6)程序设置完毕后，按“启动”键，仪器蜂鸣 4 声，启动电泳仪输出程序，“输出指示灯”闪亮。当输出稳定后，稳压/稳流状态由 U、I 是否闪烁表示。在稳压/稳流状态改变时，仪器会自动蜂鸣 2 声以提醒用户。仪器正常输出后，设定值 Us、Is、Ts 自动变为实际值 U、I、T。

(7)如果没有达到预想的稳定值，可采取两方面措施解决：

①检查电泳样品的配置是否正常。

②调节相应电压电流的设定值。

(8)选择设置 Us、Is、Ts 后，在 8 s 内不按任何按键，则自动返回显示实际值 U、I、T。

(9)仪器正常输出时若要停机，可按“启/停”键，输出立刻关闭，并显示“stop”同时仪器反复蜂鸣，此时按一下选择键，仪器停止蜂鸣。如果希望继续工作，按一下“Go on”，定时时间继续累加。而如果选择“Start”，则计时重新从“0∶00”开始。

(10)仪表显示以下信息的含义：

stop→停机；

No Load→空载；

Over_load→过载停机；

Over_U→电压超限；

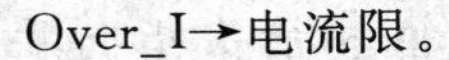

Over_I→电流限。

当出现开路、过载等显示时，应检查相应输出回路是否存在故障，在 6s 内恢复正常则仪器可继续工作，否则停机。

2. 注意事项

(1)本机使用一段时间后应检查电极连线与电泳槽是否接触良好，以避免因连接故障造成仪器不能正常工作。

(2)仪器在使用中请勿将电泳槽放在电泳仪上进行试验，严禁溅入电解质溶液，如溶液已进入电泳仪，切勿接通电源，以免造成事故，同时应由专业人员修理才可使用。

(3)本仪器输出电压较高，使用中应避免接触输出回路及电泳槽内部，以免发生危险。

(4)本机接两个以上电泳槽时，电流显示值为各槽电流之和。而各槽上的电压是相同的，此时应采用稳压工作方式为宜。

(5)本仪器输出功率较大，因此采用了智能通风散热电路，当输出电流达到一定数值时，仪器后面板的风扇自动启动，因此在仪器工作时不要用物体遮挡后面板。

(6)使用过程中如发现异常，要立即断电并进行检修。

(7)使用过程中出现停电后来电情况，本仪器将回到初始设定状态。

(8)当仪器定时达到最大时间 100 h 后，仪器自动关闭输出，并显示“END”。

5.9 DYCZ-24DN 型垂直电泳槽

DYCZ-24DN 型垂直电泳仪(槽)制胶、电泳一体化设计，使用简单方便，可同时做双板胶，条带清晰，可适用于蛋白凝胶电泳。

(一)使用方法

1. 制胶

(1)将凹玻璃板与平玻璃板重叠，用手将两块玻璃板夹住放入电泳槽主体内，然后插入斜插板挤紧玻璃板。如果是做单板胶，另一侧用单胶堵板代替。

(2)将电泳槽主体放在制胶器上，此时手柄箭头与底座箭头对齐，两手同时把手柄向里推动，直到推不动为止，然后开始旋转手柄。

①如果是做 1.5 mm 的胶,旋转手柄听到咔的一声,底座箭头指向手柄 1.5 mm 标志处,此时已经压紧,开始灌胶。

②如果是做 1.0 mm 的胶,旋转手柄听到咔、咔的两声,底座箭头指向手柄 1.0 mm 标志处,此时已经压紧,开始灌胶。

③如果是做 0.75 mm 的胶,旋转手柄听到咔、咔、咔的三声,手柄箭头指向竖直下方,此时已经压紧,开始灌胶。

④如果是做单板胶,另一侧用单胶堵板代替,这一侧旋转手柄听到咔咔两声,底座箭头指向手柄 1.0 mm 标志处,另一侧指向相应的位置。

凝胶聚合后,反向转动手柄箭头与底座箭头对齐。此时手柄弹出。然后把电泳槽主体从制胶器上取下放入电泳槽下槽,将缓冲液加至内槽玻璃凹口以上,外槽缓冲液加到距平玻璃上沿 3 mm 处即可电泳。注意避免在胶室下端出现气泡。

2. 电泳

加样时可用加样器斜靠在提手边缘的凹槽内,以准确定位加样位置。盖好上盖,在电压 150 V 以下进行电泳分离,根据指示剂位置确定电泳时间。电泳结束后,关掉电源,按住本体提手打开上盖,拔掉斜插板,取出玻璃板,用刀片或薄板轻轻将玻璃夹层分开。

(二)注意事项

(1)电泳前,禁止将电泳槽附带的电源导线连接到电泳仪电源上。

(2)主体放制胶器以前,橡胶必须放在制胶器定位槽内,橡胶正反两面都可以使用,可交替使用。每次制胶后可用清水冲净,自然风干或用吸干纸吸干,切不可用加热方法烘干。

(3)在灌胶和凝胶过程中,不要转动手柄,否则会漏胶。

5.10 SHZ-D(Ⅲ)循环水式真空泵

循环水式真空泵是以循环水作为工作流体,利用射流产生负压原理而设计的一种新型多用真空泵,为化学实验室提供真空条件,并能向反应装置提供循环冷却水。广泛用于蒸发、蒸馏、结晶、过滤、减压、升华等作业,是大专院校、医药化工、食品加工等领域实验室的理想设备。

1. 使用方法

(1)准备工作,将本机平放于工作台上,首次使用时,打开水箱上盖注入清洁的凉水(亦可经由放水软管加水),当水面即将升至水箱后面的溢水嘴下高度时停止加入,重复开机可不再加水。但最长时间每周更换一次水,如水质污染严重,使用率高,可缩短更换水的时间,最终目的要保持水箱中的水质清洁。

(2)抽真空作业,将需要抽真空的设备的抽气套管紧密接于本机抽气嘴上,检查循环水开关应关闭,接通电源,打开电源开关,即可开始抽真空作业,通过与抽气嘴对应的真空表可观察真空度。

(3)当本机需长时间连续作业时,水箱内的水温将会升高,影响真空度,此时,可将放水软管与水源(自来水)接通,溢水嘴作排水出口,适当控制自来水流量,即可保持水箱内水温不升使真空度稳定。

(4)当需要为反应装置提供冷却循环水时,将需要冷却的装置的进水、出水管分别接到本机后部的循环水出水嘴、进水嘴上、转动循环水开关至 ON 位置,即可实现循环冷却水供应。

2. 注意事项

(1)水箱必须加满水后再开机使用。

(3)必须经常更换水箱里的水、保持水箱清洁。

(3)每次使用,必须开循环水,确保无异味及仪器不至于发热而影响仪器使用寿命;若隔夜使用,请确保循环水一直开着。

附录6 常见蛋白质的相对分子质量和等电点参考值

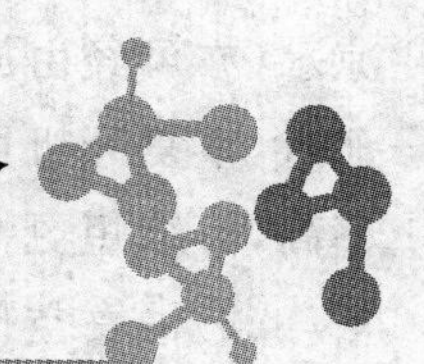

6.1 常见蛋白质的相对分子质量参考值

名称(英文)	相对分子质量
血清白蛋白(人)[serum albumin(human)]	68 000
血清白蛋白(牛)[serum albumin(bovine)]	67 000
过氧化氢酶[catalase]	232 000(4)
谷氨酸脱氢酶[glutamate dehydrogenase]	320 000
卵清蛋白(鸡)[ovalbumin(hen)]	43 000
甘油醛磷酸脱氢酶[glyceraldehydes phosphate dehydrogenase]	72 000(2)
胃蛋白酶(猪)[pepsin]	35 000
胰凝乳蛋白酶原[chymotrypsinogen]	25 700
胰蛋白酶[trypsin]	23 300
肌红蛋白[myoglobin]	17 200
血红蛋白[hemoglobin]	64 500(4)
核糖核酸酶[ribonuclease]	13 700
细胞色素C[cytochrome C]	13 370
胰岛素[insulin]	11 466(2)
α-淀粉酶[α-amylase]	50 000(2)
琥珀酸脱氢酶[saccinate dehydrogenase]	97 000(2)(70 000,27 000)
脲酶[urease]	480 000(5)[240 000(2),83 000(3)]

6.2 常见蛋白质的等电点参考值

名称(英文)	等电位点(pI)
血清白蛋白[serum albumin]	4.7～4.9
α-酪蛋白[α-casein]	4.0～4.1
β-酪蛋白[β-casein]	4.5
γ-酪蛋白[γ-casein]	5.8～6.0
κ-酪蛋白[κ-casein]	4.1
β-乳球蛋白[β-lactoglobulin]	5.1～5.3
肌红蛋白[myoglobin]	6.99
血红蛋白(人)[hemoglobin(human)]	7.07
血红蛋白(鸡)[hemoglobin(hen)]	7.23
血红蛋白(马)[hemoglobin(horse)]	6.92
细胞色素 C[cytochrome C]	9.8～10.0
胃蛋白酶[pepsin]	1.0
糜蛋白酶[chymotrypsin]	8.1

附录7 硫酸铵饱和度常用表

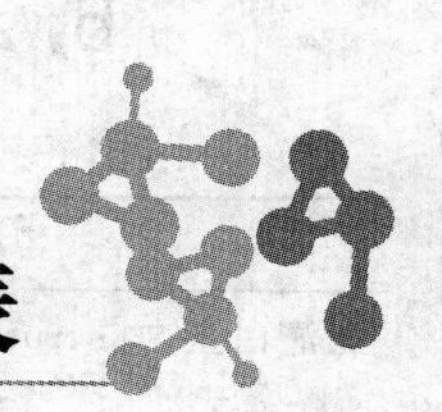

7.1 调整硫酸铵溶液饱和度计算表(25℃)

	硫酸铵终质量浓度(饱和度/%)																	
		0	20	25	30	33	35	40	45	50	55	60	65	70	75	80	90	100
	每1 000 mL溶液加固体硫酸铵的质量/g*																	
硫酸铵初质量浓度,饱和度/%	0	56	114	114	176	196	209	243	277	313	351	390	430	472	516	561	662	707
	10		57	86	118	137	150	183	216	251	288	326	365	406	449	494	592	694
	20			29	59	78	81	123	155	189	225	262	300	340	382	424	520	619
	25				30	49	61	93	125	158	193	230	267	307	348	390	485	583
	30					19	30	62	94	127	162	198	235	273	314	356	449	546
	33						12	43	74	107	142	177	214	252	292	333	426	522
	35							31	63	94	129	164	200	238	278	319	411	506
	45									32	65	99	134	171	210	250	339	431
	50										33	66	101	137	176	214	302	392
	55											33	67	103	141	179	264	353
	60												34	69	105	143	227	314
	65													34	70	107	190	275
	70														35	72	153	237
	75															36	115	198
	80																77	157
	90																	79

* 在25℃下,硫酸铵溶液由初浓度调到终浓度时,每升溶液所加固体硫酸铵的克数。

7.2 调整硫酸铵溶液饱和度计算表(0℃)

硫酸铵初质量浓度，饱和度/%	硫酸铵终质量浓度(饱和度/%)																
	20	25	30	35	40	45	50	55	60	65	70	75	80	85	90	100	
	每 100 mL 溶液加固体硫酸铵的质量/g*																
0	10.6	13.4	16.4	19.4	22.6	25.8	29.1	32.6	36.1	39.8	43.6	47.6	51.6	55.9	60.3	65.0	69.7
5	7.9	10.8	13.7	16.6	19.7	22.9	26.2	29.6	33.1	36.8	40.5	44.4	48.4	52.6	57.0	61.5	66.2
10	5.3	8.1	10.9	13.9	16.9	20.0	23.3	26.6	30.1	33.7	37.4	41.2	45.2	49.3	53.6	58.1	62.7
15	2.6	5.4	8.2	11.1	14.1	17.2	20.4	23.7	27.1	30.6	34.3	38.1	42.0	46.0	50.3	54.7	59.2
20	0	2.7	5.5	8.3	11.3	14.3	17.5	20.7	24.1	27.6	31.2	34.9	38.7	42.7	46.9	51.2	55.7
25		0	2.7	5.6	8.4	11.5	14.6	17.9	21.1	24.5	28.0	31.7	35.5	39.5	43.6	47.8	52.2
30			0	2.8	5.6	8.6	11.7	14.8	18.1	21.4	24.9	28.5	32.3	36.2	40.2	44.5	48.8
35				0	2.8	5.7	8.7	11.8	15.1	18.4	21.8	25.4	29.1	32.9	36.9	41.0	45.3
40					0	2.9	5.8	8.9	12.0	15.3	18.7	22.2	25.8	29.6	33.5	37.6	41.8
45						0	2.9	5.9	9.0	12.3	15.6	19.0	22.6	26.3	30.2	34.2	38.3
50							0	3.0	6.0	9.2	12.5	15.9	19.4	23.0	26.8	30.8	34.8
55								0	3.0	6.1	9.3	12.7	16.1	19.7	23.5	27.3	31.3
60									0	3.1	6.2	9.5	12.9	16.4	20.1	23.1	27.9
65										0	3.1	6.3	9.7	13.2	16.8	20.5	24.4
70											0	3.2	6.5	9.9	13.4	17.1	20.9
75												0	3.2	6.6	10.1	13.7	17.4
80													0	3.3	6.7	10.3	13.9
85														0	3.4	6.8	10.5
90															0	3.4	7.0
95																0	3.5
100																	0

* 在 0 ℃ 下，硫酸铵溶液由初浓度调到终浓度时，每 100 mL 溶液所加固体硫酸铵的克数。

参考文献

[1]战广琴,钱万英.生物化学实验.北京:中国农业大学出版社,2001.

[2]俞建瑛,蒋宇,王善利.生物化学实验技术.北京:化学工业出版社,2005.

[3]蒋立科,罗曼.生物化学实验设计与实践.北京:高等教育出版社,2006.

[4]魏群.基础生物化学实验,3版.北京:高等教育出版社,2009.

[5]曾富华.生物化学实验实验技术教程.北京:高等教育出版社,2011.

[6]周楠迪,史锋.生物化学实验实验技术教程.北京:高等教育出版社,2011.